未来科技
信息技术

张海霞　主编

〔美〕保罗·韦斯　　〔澳〕切努帕蒂·贾格迪什　　副主编
白雨虹

科学出版社
北京

内 容 简 介

本书聚焦信息科学、生命科学、新能源、新材料等为代表的高科技领域，以及物理、化学、数学等基础科学的进展与新兴技术的交叉融合，其中70%的内容来源于IEEE计算机协会相关刊物内容的全文翻译，另外30%的内容由STEER Tech和iCANX Talks上的国际知名科学家的学术报告、报道以及相关活动内容组成。本书将以创新的方式宣传和推广所有可能影响未来的科学技术，打造具有号召力，能够影响未来科研工作者的世界一流的新型科技传播、交流、服务平台，形成"让科学成为时尚，让科学家成为榜样"的社会力量！

图书在版编目（CIP）数据

未来科技：信息技术/张海霞主编.—北京：科学出版社，2021.9
ISBN 978-7-03-069987-9

Ⅰ.①未… Ⅱ.①张… Ⅲ.①信息技术 Ⅳ.①TP3

中国版本图书馆CIP数据核字（2021）第203117号

责任编辑: 杨 凯 / 责任制作: 付永杰 魏 谨
责任印制: 师艳茹 / 封面制作: 付永杰

北京东方科龙图文有限公司 制作
http://www.okbook.com.cn

科 学 出 版 社 出版
北京东黄城根北街16号
邮政编码: 100717
http://www.sciencep.com

北京九天鸿程印刷有限责任公司 印刷
科学出版社发行各地新华书店经销

*

2021年9月第 一 版 开本: 787×1092 1/16
2021年9月第一次印刷 印张: 7 1/2
字数: 151 000

定价: 55.00元
（如有印装质量问题，我社负责调换）

编委团队

张海霞，北京大学信息科学技术学院，教授，博士生导师

现任全球华人微纳米分子系统学会秘书长，全球华人微纳米技术合作网络执行主席，IEEE NTC北京分会主席，国际大学生iCAN创新创业大赛发起人，国际iCAN联盟主席，中国高校创新创业联盟教育研究中心学术委员等。2013年IEEE NEMS国际会议主席及其他10余个国际会议的组织者。2006年获得国家技术发明奖二等奖，2013年获得北京市教学成果奖二等奖，2014年获得日内瓦国际发明展金奖。长期致力于创新创业教育和人才培养，2007年发起国际大学生创新创业大赛（即iCAN大赛）并担任主席至今，每年有国内外20多个国家的数百家高校的上万名学生参加，在国内外产生较大影响且多次在中央电视台报道。在北大开设《创新工程实践》等系列创新课程，2016年作为全国第一门创新创业的学分慕课，开创了赛课相结合的iCAN创新教育模式，目前在全国30个省份的300余所高校推广。

保罗·韦斯（Paul S. Weiss），美国加州大学洛杉矶分校，教授

美国艺术与科学院院士，美国科学促进会会士，美国化学会、美国物理学会、IEEE、中国化学会等多个学会荣誉会士。1980年获得麻省理工学院学士学位，1986年获得加州大学伯克利分校化学博士学位，1986~1988年在AT&T Bell实验室从事博士后研究，1988~1989年在IBM Almaden研究中心做访问科学家，1989年、1995年、2001先后在宾夕法尼亚州立大学化学系任助理教授、副教授和教授，2009年加入加州大学洛杉矶分校化学与生物化学系、材料科学与工程系任杰出教授。现任 *ACS Nano* 主编。

切努帕蒂·贾格迪什（Chennupati Jagadish），澳大利亚国立大学，教授

澳大利亚科学院院士，澳大利亚国立大学杰出教授，澳大利亚科学院副主席，澳大利亚科学院物理学秘书长，曾任IEEE光子学执行主席，澳大利亚材料研究学会主席。1980年获得印度Andhra大学学士学位，1986年获得印度Delhi大学博士学位。1990年加入澳大利亚国立大学，创立半导体光电及纳米科技研究课题组。主要从事纳米线、量子点及量子阱外延生长、光子晶体、超材料、纳米光电器件、激光、高效率纳米半导体太阳能电池、光解水等领域的研究。2015年获得IEEE先锋奖，2016年获得澳大利亚最高荣誉国民奖。在 *Nature Photonics, Nature Communication* 等国际重要学术刊物上发表论文580余篇，获美国发明专利5项，出版专著10本。目前，担任国际学术刊物 *Progress in Quantum Electronics, Journal Semiconductor Technology and Science* 主编，*Applied Physics Reviews, Journal of Physics D* 及 *Beilstein Journal of Nanotechnology* 杂志副主编。

白雨虹，中科院长春光机所，研究员

现为中科院长春光学精密机械与物理研究LIGHT中心主任，任职 *Light: Science & Applications* 常务副主编、《光学精密工程》执行主编。2012年，带领团队创办了中国首家完全开放获取在线出版的具有重要学术价值的光学类英文期刊 *Light: Science & Applications*。该刊创办仅一年后，即被SCI和Scopus数据库收录，并于2014年7月获得首个影响因子8.476，直接进入Q1区，2015年第二个影响因子14.603，直接进入Q1区，在全世界光学领域一流期刊中影响因子名列第二，在全国5470种科技期刊中影响因子名列第一。同时，在她的努力下，《光学精密工程》学术影响力也显著提升，先后获得中国精品科技期刊、中国百种杰出学术期刊、中国科学院择优支持期刊等荣誉。特别是2013年，该刊获得了中国新闻出版政府奖期刊提名奖。

Computer

IEEE COMPUTER SOCIETY http://computer.org // +1 714 821 8380
COMPUTER http://computer.org/computer // computer@computer.org

Digital Object Identifier 10.1109/MC.2021.3055707

▌目录

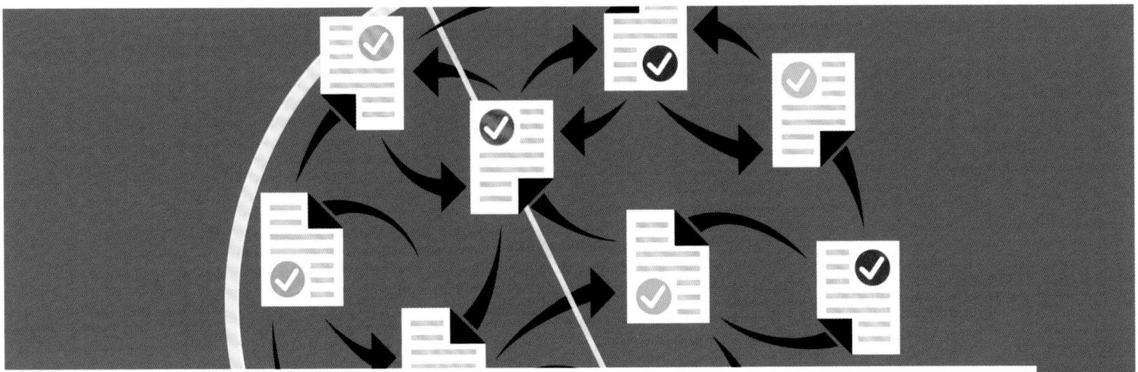

用于 IIoT 的安全且灵活的基于 FPGA 的区块链系统

文 | Han-Yee Kim　高丽大学
Lei Xu　德克萨斯大学格兰德谷分校
Weidong Shi　休斯顿大学
Taeweon Suh　高丽大学
译 | 闫昊

区块链为工业 4.0 的实现提供了一个有前景的解决方案，但是它不能确保输入数据的完整性。我们为工业物联网提出了一种基于现场可编程门阵列 (field-programmable gate array，FPGA) 的私有区块链系统，其中在 FPGA 内部，以隔离和封闭的方式生成事务。

工业物联网 (Industrial Internet of Things，IIoT) 设备正被广泛部署在众多的工业领域，尤其是智能工厂。例如，爱立信在南京的工厂使用了数千台 IIoT 设备并利用设备链接生成的数据。据悉，它通过跟踪工具的实际使用、调度服务和维护，极大地提高了效率[1]。预计在不久的将来，数十亿物联网设备将互联互通[1]。然而，随着 IIoT 数量的增加，可攻击面也随之扩大，因为所有实体和与其相连的实体都是潜在的攻击目标。据报道，工业物联网的网络攻击种类繁多，从监控和数据采集，到资源受限的物联网（Internet of Things，IoT）设备都是目标[2]。

对实体之间的数据进行篡改，这对智能工厂的生产率可能有着级联的负面影响。在这种情况下，人们认为区块链是一种很有前景的解决方案，因为它具有防篡改、可追溯和去中心化等特点。它依赖于单个节点、具有基于数字签名的身份验证和点对点的验证处理。区块链有两种类型：公共和私有。公共区块链允许任何人加入区块链网络，而私有区块链需要获得许可才能参与。私有区块链对工业领域更具吸引力，因为只有经过授权的节点才能加入网络。

IIoT 系统中采用私有区块链的一个代表性案例是供应链。它可以确保安全关键物品的妥善处理，例如药物和易腐货物；物流相关设备通过射频识别传感器，获得有关产品数量和周围环境的信息，例如温度、湿度和位置。这些信息可以通过区块链实现共享和追踪。但是，攻击者可能获取许可节点的凭证，并且通过这种方法干预区块链事务生成过程，以实现伪造关键的 IIoT 传感器数据的目的。它可能会给私有区块链形式的系统带来威胁。这可能会给企业带来巨大的经济损失，例如大规模的产品召回。

为了解决安全问题，处理器制造商为可信执行环境(trusted execution environments，TEE)提供了基于硬件的解决方案，这些环境通常具有隔离和封闭的运行特征。例如，ARM 引入了 TrustZone，英特尔提供了 Software Guard Extensions(SGX)。据报道，即使使用了 TEE，仍然会存在安全漏洞，例如 Sgx-Pectre[3]，它利用了微架构侧信道信息。因此，在高度自动化的工业领域，需要一个更安全的黑盒模型，其能够完全隐藏内部操作并减少破坏数据完整性的攻击面。

在本文中，我们提出了一种基于现场可编程门阵列(field-programmable gate array，FPGA)的区块链系统，用于 IIoT 传感器数据保护。密钥管理、传感器

据报道，工业物联网的网络攻击种类繁多，从监控和数据采集，到资源受限的 IoT 设备都是目标

数据捕获和事务生成等关键操作，委托给具有位元流（bitstream）保护的 FPGA。FPGA 系统由物理不可克隆函数(physically unclonable function，PUF)、软处理器和内部内存组成。因此，从根本上阻止了对硬件系统的侧信道攻击和逆向工程。

背景

本节介绍 FPGA 的安全特性、软处理器和区块链。

现代 FPGA 和软处理器

FPGA 是一种现场可编程设备，可以通过为其灵活地添加定制硬件，实现数据处理加速。其广泛应用于数字信号处理、人工智能、大数据处理等领域。FPGA 还能够提供安全性，有利于减少攻击面[4]。

一个 FPGA 配置有位元流，这是一种综合硬件设计文件。为了安全，需要保证 FPGA 在不被篡改的情况下安全地配置位元流。现如今的 FPGA 供应商提供了位元流保护机制，其中的硬线加密引擎，如高级加密标准(AES)，既可以安全地配置位元流，又可以处理未经授权使用的硬件知识产权 (intellectual property，IP)[5]。为了在专用 FPGA 上解密已经加密的位元流，AES 密钥预先存储在不可读回的非易失性内存中。

软处理器是一种便携式且可组合的微处理器，可

以配置在从入门级到高端级的不同类型的 FPGA 中。FPGA 供应商通常提供软处理器。例如，Xilinx 提供 MicroBlaze，Intel 提供 Nios。开发人员使用软处理器的主要原因是其具有灵活性。

处理工作可以交由软处理器，而不是硬连线模块。如果系统需求发生变化，通过固件更新可以很容易地实现按需修改。

区块链

本质上，区块链是一个不断增长的记录链表，称为块。图 1 显示了区块链架构的抽象概述：块结构分为两部分，头部和主体。头部包含区块编号、大小和哈希值。哈希值用于检查块的完整性。如果一个区块被非法修改，则通过比较后继者的前一个区块的哈希

来检测。

该区块体包含事务和元数据。每个事务都包括发送方和接收方的地址、数据以及事务生成器的签名。使用加密公式生成的签名用于验证事务的完整性和真实性，并证明其所有权。一般来说，区块链由具有单独存储的对等点一起维护，因此它被归类为分布式账本技术 (distributed ledger technology，DLT)。在基于 DLT 的区块链系统中，分布式账本中的任何更新都必须由大多数网络节点进行验证。验证依赖于共识算法，如工作证明 (proof of work，PoW)、权益证明或实际的拜占庭容错[6]。

要加入区块链系统，每个节点都应该向系统管理员注册自己的非对称密钥。通常，公钥基础设施 (public key infrastructure，PKI) 系统用于非对称密钥认

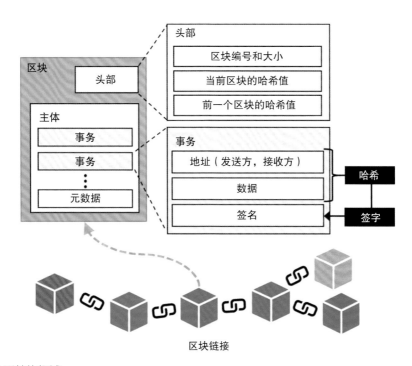

图 1 区块链体系结构概述

证。在 PKI 系统中，证书颁发机构通过颁发证书来保证公钥的真实性。证书包含有密钥相关的信息，例如版本号、序列号、签名算法标识、颁发者名称和时间戳。拥有证书的对等节点可以加入区块链系统。

相关工作

有许多案例研究集成了 IoT 系统与区块链，提高了安全性和效率[7–12]。Huang 等人[7]提出了一种基于信用的共识机制，可以调整基于 PoW 的算法的难度。该算法降低了信任节点的计算负担，同时增加了对恶意节点计算的复杂度。

Dai 等人[8]提出了一个使用 ARM 的 TrustZone 的轻量级区块链钱包，它可以保护支付验证过程。但是，由于存在侧信道攻击（例如 SgxPectre），TEE 的安全性不足以确保终端安全[3]。

Xu 等人[9]提出了一种针对 IIoTs 的非拒斥网络服务方案。区块链用作代理，其提出的记录器用于存储交互式证据。使用了基于同态哈希的验证技术，减轻了 IIoTs 的计算负担。

Lin 等人[10]在概念上提出了一个基于 IoT 的区块链系统，该系统用于食品的供应链可追溯性。其提出的系统架构有两种节点：执行整个区块链功能的完备节点和执行简单操作的基于 IoT 的轻节点。

Mylrea 等人[11]提出了一个针对电网的区块链系统。他们利用专有的测试平台和智能合约进行系统优化。

Mazzei 等人[12]为 IIoT 提出了一种可移植且与平台无关的区块链解决方案。他们利用一种称为 4Zero-Box 的嵌入式系统来弥合区块链服务和工业机器之间的差距。这篇论文与我们的工作不同，主要关注系统与区块链的兼容性，而不考虑输入数据的保护和完整

性。

有一些研究工作解决了传感器的安全问题[13,14]。Taiebat 等人[13]提出了一个传感器故障诊断框架。该框架包括增强容错性的措施，例如传感器重复和传感器网络拓扑。Chanson 等人[14]在概念上提出了一种基于区块链的传感器数据保护的设计方法和要求。它的目标之一是创建尽可能接近感知单元的区块链事务，以减少攻击向量。

建议的架构

本节详细介绍了基于 FPGA 面向 IIoTs 的区块链系统。

体系架构概述

图 2 显示了拟定的区块链系统体系架构的概述。有三个实体正在与区块链协作：IIoT 设备、边缘服务器和区块链管理员。各实体的作用如下：

（1）IIoT 设备：就像典型的 IoT 设备一样，我们假设 IIoT 设备是轻量级的，性能受限的。有些设备是电池供电的。IIoT 设备的作用是生成（传感器）数据及其区块链事务，并将它们报告给专用边缘服务器。每个物联网设备都有附加的传感器、嵌入式处理器和一个 FPGA。FPGA 最初由位元流保护技术进行保护，并由区块链管理员进行管理。FPGA 作为一个安全的黑箱引擎，其作用是为数据生成区块链事务。

（2）边缘服务器：边缘服务器是高性能的计算系统或云计算元素，具有足够的计算资源，用于传输层安全 (Transport Layer Security，TLS)、标准加密和恢复。区块链管理员管理边缘服务器，这些服务器作为完整的节点执行块操作，如块生成、验证和共识协议。特别是对于块生成，边缘服务器从 IIoT 设备积累

PGA 为保证事务中数据的完整性，实施两个基本操作：密钥生成和管理；封闭事务生成

事务，并通过创建块将它们存储到分类账中。

（3）区块链管理员：区块链管理员组织和管理私有区块链系统。它通过一个私有的区块链平台构建了一个从 IIoT 设备到边缘服务器的多层层次结构。管理员还可以为 IIoT 设备中的 FPGA 生成，或者同时更新位元流。请注意，只有管理员才能使用自管理的 AES 密钥生成和加密位元流。

威胁模型

区块链管理员将私有区块链平台应用于智能工厂，实现了存储的工业数据的可追溯性和不变性。我们假设边缘服务器是安全的，因为它们有足够的计算资源来采取安全措施，例如 TLS、静止数据加密和恢复。另一方面，由于资源有限，终端 IIoT 中的单个嵌入式处理器无法配备这种安全功能。

智能工厂环境中可能存在恶意的内部人员亦或是外部人员。如果对手干预传感器数据的事务生成过程，来自物联网设备的数据可能面临被滥用或篡改的风险[14]，这将中断亦或停止工厂的运行。因此，生成区块链事务，就有必要对从传感器捕获的事务生成签名进行紧密耦合。

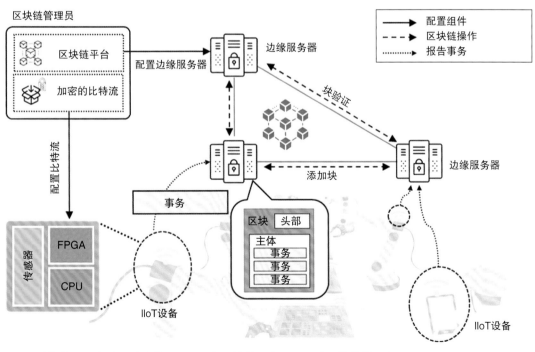

图2　该架构主要包含三个实体：IIoT 设备、边缘服务器和一个区块链管理员

IIoT设备系统架构

图 3 显示了提出的 IIoT 设备及其内部交互的框图。物联网设备中主要有嵌入式处理器、FPGA 和传感器。尤其是，传感器通过物理接口（例如 I²C、SPI、GPIO 或 CAN）与 FPGA 紧密耦合。

如图 3 所示，FPGA 配置有 PUF、软处理器、外部寄存器和本地内存。PUF 用于生成密钥，并利用半导体工艺变化，例如氧化物厚度、金属形状和通道长度，为具有相同逻辑设计的每个设备产生唯一的随机值。

该软处理器作为微控制器用于 FPGA 系统的本地内存。在本地内存中，用于事务生成、软 PUF 操作和密钥认证的执行二进制文件存储在区块链操作中。外部寄存器是 FPGA 与嵌入式处理器之间的通信通道；软处理器可以将数据写入外部寄存器，嵌入式处理器可以从中访问数据。

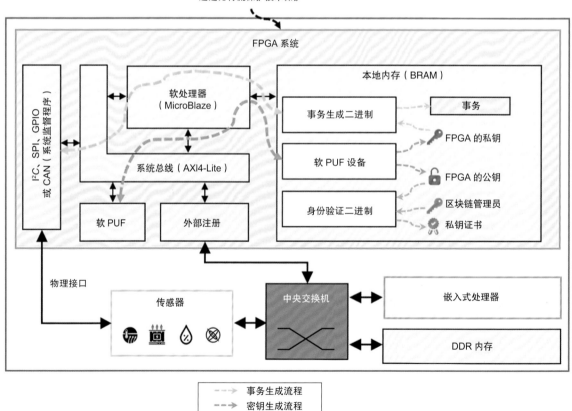

图3 带有FPGA的IIoT设备的详细系统架构：传感器通过物理接口直接连接到FPGA，例如I²C或SPI。BRAM：块随机存取内存；DDR：双倍数据速率

请注意，FPGA 系统及其执行二进制文件包含在位元流中，它在配置阶段由位元流保护方案进行保护。FPGA 对事务中的数据完整性执行两个基本操作：密钥生成和管理；封闭的事务生成。

（1）密钥生成和管理。FPGA 结构中的 PUF，通常被称为软 PUF，用于为区块链操作生成唯一的私钥。PUF 基于挑战 - 应答协议进行操作，并在每个 FPGA 中生成具有相同的挑战（输入）的不同应答（输出）。当在 FPGA 中配置位元流时，软 PUF 驱动程序将自动执行，生成 FPGA 私钥。然后，软处理器将任意输入（挑战）应用于 PUF 并获取其输出（应答）。应答作为 FPGA 的私钥，其相应的公钥由软 PUF 驱动程序计算。软 PUF 驱动程序被设计为可在密钥生命周期到期时，定期更改 FPGA 的私钥。请注意，通过对 PUF 应用不同的输入（挑战），可以获得不同的输出（应答）。

密钥生成后，身份验证二进制文件获取 FPGA 的公钥，并颁发由区块链管理员的私钥签名的证书。请注意，管理员的私钥最初存储在本地内存中，以避免管理员和 FPGA 之间发生不必要的交互。区块链管理员采用密钥分配方案，其中利用 FPGA 的多个密钥集来最小化密钥泄露的影响。在位元流生成的阶段，为每个 FPGA 随机选择并分配一个私钥。因为私钥只存储在 FPGA 的内存中，因此它们不会暴露在 FPGA 架构的外部。而证书则被嵌入式处理器通过外部寄存器共享。

（2）封闭事务生成。封闭事务生成意味着区块链事务直接在 FPGA 内部创建，并封装了传感器数据。如图 3 所示，传感器通过物理接口直接连接到 FPGA。传感器的原始数据通过 FPGA 内部的模数转换器 (analog-to-digital converter，ADC) 转换为数字形式。

然后，软处理器从 ADC 读取数据并处理它们，用以生成事务。事务将使用 FPGA 的私钥计算签名。完成的事务被写入外部寄存器。然后，嵌入式处理器读取事务并将其传输到专用边缘服务器。

安全分析

本文提出的解决方案利用 FPGA 作为关键区块链操作的封装。从安全的角度来看，位元流是信任的根源。现代的 FPGA 提供了具有 AES 的位元流加密方案，可用于防止反向工程亦或 IP 盗窃。我们从密钥机密性和事务完整性的角度讨论了所提议系统的安全问题和对策。

（1）密钥机密性。FPGA 的私钥由 FPGA 内部的 PUF 生成，永远不会离开设备。因此，即使拥有嵌入式处理器的特权访问权限，对手也无法读取密钥。攻击者可以通过检查所有可能的私钥来进行暴力攻击，因为他们可以访问数字证书中的公钥。这种攻击可以通过定期更新 FPGA 的私钥来防止。它可以通过设计一个软 PUF 驱动程序定期更新挑战来实现。

（2）事务完整性。传感器数据直接通过 FPGA 中的物理接口采集。事务构建过程隐藏在 FPGA 中，攻击者无法进行干预。对手可能会发起拒绝服务攻击来瘫痪终端 IIoT 设备。使用严格的和组织良好的事务生成策略，能够检测到攻击。最简单的方法是设计一个周期性的事务生成策略。如果边缘服务器未收到定期消息，则表示出现故障、失灵或损坏。

另一种潜在的攻击可能是传感器的物理滥用。对于可用性是第一优先级的智能工厂系统，具有多数投票的传感器副本可以用于终端 IIoT 设备。正如在容错系统中采用和证明的那样[13]，副本提供了高可用性，因为它很难同时篡改多个 IIoT 设备和传感器。

> 对于可用性是第一优先级的智能工厂系统，具有多数投票的传感器副本可以用于终端IIoT设备

实施和评价

在实验中，我们使用了 Zynq UltraScale+ 评估板，它具有 Zynq UltraScale+ 和 4-GB DDR4。Zynq UltraScale+ 有两个部分：一个是融合 Cortex-A53 四核处理器，另一个是可编程逻辑(programmable logic，PL)。Xilinx 的 CAD 工具 Vivado 2018.2 用于系统开发和评估。

软 PUF 实现

我们采用了基于环形振荡器(ring oscillator，RO)的 PUF，它由两个逆变器链组成。每条链都有奇数个逆变器。图4显示了 PL 部分中基于 RO 的 1 位 PUF 的实现，其目的是生成一个随机位。如图4所示，逆变器链中的每个环路都会产生不同且不可预测的时钟频率(0→1→0 ...)，这是由于制造差异导致每个逆变器的独特延迟。因此由两个计数器生成最终的随机位。每个计数器从其相应的逆变器链中获取时钟并进行计数。这些计数器被设计为在其中任何一个溢出时停止。根据随机溢出的计数器确定最后一个位(0或1)。

在 FPGA 上实现 PUF 时，有两个设计注意事项：第一，应仔细配置逻辑门的布局和布线，以确保 PUF 的唯一性，即逆变器链的延迟应该足够接近，以利用过程变化；第二，应关闭逆变器链的 CAD 工具中的逻辑优化，以防止逻辑消除。我们的实验实现了32位的、基于 RO 的 PUF，并使用挑战-应答协议进行评估。

FPGA 系统实现

我们使用 Xilinx 的 MicroBlaze 的软处理器来搭建 FPGA 系统。MicroBlaze 通过 AXI4-Lite 与名为 SYSMON 的监控模块和软 PUF 连接。SYSMON 用于捕获传感器数据。它具有模数转换能力和可选的物理接口，如 I²C。软处理器执行二进制文件的本地内

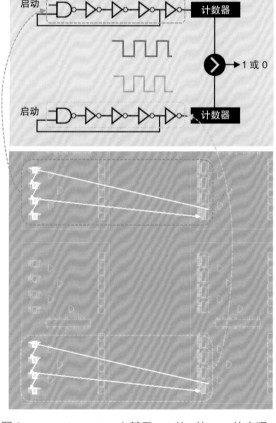

图4　Zynq UltraScale+ 上基于 RO 的 1 位 PUF 的实现

存是用块随机存取内存(block random-access memory，BRAM)实现的，它是 Xilinx FPGA 中的内部内存。区块链中的数字签名算法，采用曲线参数 secp256r1 的椭圆曲线数字签名算法(elliptic curve digital signature algorithm，ECDSA)。它需要一个 256 位的私钥。因此，32 位 PUF 模块应该使用不同的输入（挑战）执行 8 次，以生成 256 位私钥。SHA256 用于为事务生成哈希。所有的软件代码都是用 C 编写的，编译后的执行二进制文件都包含在位元流中。

表 1 显示了 FPGA 系统中主要组件的硬件成本。如图所示，系统仅占用 Zynq UltraScale+ 中的少量硬件资源。PUF 模块消耗 1037 个查找表(lookup tables，LUT) 和 1216 个触发器 (flip-flops，FF)。基于 32 位 RO 的 PUF 的计数器占用了 PUF 模块中的大部分资源。MicroBlaze 处理器消耗的 LUT 和 FF 不到 0.5%。SYSMON 消耗了大约 0.05% 的硬件资源。64KB 的本地内存由 16 个 BRAM 实现。AXI4-Lite 系统总线的消耗量小于 0.04%。完整的系统可以移植到 Spartan-7，这是 Xilinx 最便宜的 FPGA 之一。FPGA 系统最多每分钟可生成 33 个事务。ECDSA 需要 1.804 s，这是执行时间的最大占用部分，而 SHA256 只需要 1.668 ms。FPGA 系统的功率估计报告为 191 mW。

讨论

该解决方案利用 FPGA 为物联网系统提供了安全的区块链事务生成。由于嵌入式处理器的作用很简单，因此即使使用了轻量级的 CPU，它也可以应用于典型的 IIoT 设备。我们的方法还提供了通用性和灵活性，因为在 FPGA 的结构中使用了软核处理器。它的通用性在于它可以应用于任何区块链平台，因为可以修改 BRAM 中的事务生成二进制文件，使其可以符合每个平台的交易格式。它的灵活性在于可以通过替换作为位元流一部分的执行二进制文件来更改事务协议或加密算法。

根据实验结果，所实现的 FPGA 系统功耗为 191 mW。与通常消耗数百兆瓦的电池供电的、基于 Cortex-M 的处理器相比[15]，所提出的解决方案不需要为典型的 IIoT 设备提供大量额外功率。

对于每个 IIoT 设备，性能结果（33 个事务 / 分钟）被转换为大约每 2 秒一个事务。这意味着每个 IIoT 设备可以每 2 秒向分布式账本报告一次传感器数据。在爱立信熊猫工厂的案例中，部署了超过 1000 个 IIoT，如果应用本文提出的方法，这将转化为大约超过 500 个事务每秒 (transactions/s，TPS)。

由于现成的区块链平台能够提供数千个 TPS，最新的达到了 10000 TPS[16]，因此区块链平台可以通过

表 1 Zynq UltraScale+ 中 FPGA 架构上主要组件的硬件成本			
主要组件	LUTs(274080)	FF (548160)	BRAM(912)
PUF 模块(32 位)	1037(0.38%)	1216(0.22%)	0(0%)
软处理器 (MicroBlaze 100 MHz)	1183(0.43%)	930(0.17%)	0(0%)
传感器 – 监控硬件(SYSMON)	140(0.05%)	261(0.05%)	0(0%)
本地内存（64KB）	0(0%)	0(0%)	16(1.75%)
系统总线（AXI4–Lite）	107(0.04%)	117(0.02%)	0(0%)

FF:触发器；LUT:查找表

关于作者

Han-Yee Kim 高丽大学计算机科学系的博士生。研究兴趣包括利用可重构和嵌入式系统实现基于硬件的安全和网络系统加速。联系方式：hanyeemy@korea.ac.kr。

Lei Xu 美国德州大学计算机科学系助理教授。研究兴趣包括应用密码学、云/移动安全和去中心化系统。中国科学院博士学位。IEEE 的会员。联系方式：xuleimath@gmail.com。

Weidong Shi 美国休斯敦大学计算机科学系副教授。研究兴趣包括区块链、计算机系统安全和云计算。佐治亚理工学院计算机科学博士学位。IEEE 高级会员。联系方式：larryshi@ymail.com。

Taeweon Suh 高丽大学计算机科学与工程系教授。研究兴趣包括硬件安全、人工智能加速器以及可重构和嵌入式系统。佐治亚理工学院博士学位。IEEE 会员。联系方式：suhtw@korea.ac.kr。

我们的方法容纳超过 20000 个 IIoT 设备。对于要求更高频率区块链事务的机械，将耗时的任务额外迁移到 FPGA 将是一种方案。Glas 等人[17]证实在 FPGA 上进行 ECDSA 和 SHA 操作的时间为 7 ms。这意味着基于 FPGA 的系统可以产生超过 100 个 TPS，甚至足以应用于自动驾驶方向[18]。

本文提出了一种基于 FPGA 的私有区块链系统，以提高 IIoT 设备产生的数据的完整性和可靠性。在位元流保护的 FPGA 内部，集成了软处理器、PUF、外部寄存器和本地内存，以隔离和封闭的方式生成事务。PUF 用于密钥机密性，与紧耦合传感器的封装事务生成，一同提供了数据完整性。

使用 Zynq UltraScale+ 进行的实验表明，FPGA 系统提供 33 次事务每分钟和 191 mW 的功率，适用于电池驱动的 IIoT 设备。FPGA 系统通用且灵活，适用于各种区块链操作和平台。在未来的工作中，我们计划通过区块链平台组织多个 FPGA 设备，将我们的方法扩展到集群级别。**C**

致谢

这项工作得到了由韩国政府资助的信息和通信技术规划和评估研究所的资助（2019-0-00533，CPU 漏洞检测和验证研究/No。2019-0-01343，区域战略产业融合安全核心人才培训业务）和韩国国家研究基金会 2019R1A2C1088390 资助。Taeweon Suh 是这篇文章的通讯作者。

参考文献

[1] Reyna, C. Martín, J. Chen, E. Soler, and M. Díaz, "On blockchain and its integration with IoT. Challenges and opportunities," *Future Gener. Comput. Syst.*, vol. 88, pp. 173–190, Nov. 2018. doi: 10.1016/j.future.2018.05.046.

[2] Stellios, P. Kotzanikolaou, M. Psarakis, C. Alcaraz, and J. Lopez, "A survey of IoT-enabled cyberattacks: Assessing attack paths to critical infrastructures and services," *IEEE Commun. Surveys Tuts.*, vol. 20, no. 4, pp. 3453–3495, 2018. doi: 10.1109/COMST.2018.2855563.

[3] G. Chen, S. Chen, Y. Xiao, Y. Zhang, Z. Lin, and T. H. Lai, "SgxPectre: Stealing intel secrets from SGX enclaves via speculative execution," in *Proc. IEEE Eur. Symp. Security Privacy (EuroS&P)*, 2019, 142–157. doi: 0.1109/EuroSP.2019.00020.

[4] V. Jyothi, M. Thoonoli, R. Stern, and R. Karri, "FPGA Trust

Zone: Incorporating trust and reliability into FPGA designs," in *Proc. IEEE 34th Int. Conf. Comput. Design (ICCD)*, 2016, pp. 600–605. doi: 10.1109/ICCD.2016.7753346.

[5] K. Wilkinson, "Using encryption and authentication to secure an *Ultra Scale/UltraScale+ FPGA* bitstream," Xilinx Inc., San Jose, CA, 2017. [Online]. Available: https://www.xilinx. com/support/documentation/application_notes/xapp1267-encryp-efuse-program.pdf

[6] D. Mingxiao, M. Xiaofeng, Z. Zhe, W. Xiangwei, and C. Qijun, "A review on consensus algorithm of blockchain," in Proc. *IEEE Int. Conf. Syst., Man, Cybern. (SMC)*, 2017, pp. 2567–2572. doi: 10.1109/SMC.2017.8123011.

[7] J. Huang, L. Kong, G. Chen, M. Y. Wu, X. Liu, and P. Zeng, "Towards secure industrial IoT: Blockchain system with credit-based consensus mechanism," *IEEE Trans. Ind. Informat.*, vol. 15, no. 6, pp. 3680–3689, 2019. doi: 10.1109/TII.2019.2903342.

[8] W. Dai, J. Deng, Q. Wang, C. Cui, D. Zou, and H. Jin, "SBLWT: A secure blockchain lightweight wallet based on trustzone," *IEEE Access*, vol. 6, pp. 40,638–40,648, July 2018. doi: 10.1109/ACCESS.2018.2856864/

[9] Y. Xu, J. Ren, G. Wang, C. Zhang, J. Yang, and Y. Zhang, "A blockchain-based nonrepudiation network computing service scheme for industrial IoT," *IEEE Trans. Ind. Informat.*, vol. 15, no. 6, pp. 3632–3641, 2019. doi: 10.1109/TII.2019.2897133.

[10] J. Lin, Z. Shen, A. Zhang, and Y. Chai, "Blockchain and IoT based food traceability for smart agriculture," in *Proc. 3rd Int. Conf. Crowd Sci. Eng.*, 2018, pp. 1–6. doi: 10.1145/3265689.3265692.

[11] M. Mylrea and S. N. G. Gourisetti, "Blockchain for smart grid resilience: Exchanging distributed energy at speed, scale and security," in *Proc. IEEE Resilience Week (RWS)*, 2017, pp. 18–23. doi: 10.1109/RWEEK.2017.8088642.

[12] D. Mazzei et al., "A Blockchain Tokenizer for Industrial IOT trustless applications," *Future Gener. Comput. Syst.*, vol. 105, pp. 432–445, Apr. 2020. doi: 10.1016/j.future.2019.12.020.

[13] M. Taiebat and F. Sassani, "Distinguishing sensor faults from system faults by utilizing minimum sensor redundancy," *Trans. Can. Soc. Mech. Eng.*, vol. 41, no. 3, pp. 469–487, 2017. doi: 10.1139/tcsme-2017-1033.

[14] M. Chanson, A. Bogner, D. Bilgeri, E. Fleisch, and F. Wortmann, "Blockchain for the IoT: Privacy-preserving protection of sensor data," *J. Assoc. Inform. Syst.*, vol. 20, no. 9, pp. 1274–1309, 2019.

[15] S. Boorboor and M. Khorsandi, "Development of a single-chip digital radiation spectrometer based on ARM Cortex-M7 micro-controller unit," *Nucl. Instrum. Methods Phys. Res. A, Accel., Spectr., Detect. Assoc. Equip.*, vol. 946, p. 162,685, Dec. 2019. doi:10.1016/j.nima.2019.162685.

[16] "Insolar technical paper," Insolar Technologies, New York, 2019, pp. 1–66.

[17] B. Glas, O. Sander, V. Stuckert, K. D. Müller-Glaser, and J. Becker, "Prime field ECDSA signature processing for reconfigurable embedded systems," *Int. J. Reconfig. Comput.*, vol. 2011, Apr. 2011, Art. no. 836460. doi:10.1155/2011/836460.

[18] B. Schoettle, "Sensor fusion: A comparison of sensing capabilities of human drivers and highly automated vehicles," Sustainable Worldwide Transportation, Univ. of Michigan, Ann Arbor, Rep. SWT-2017-12, 2017.

（本文内容来自 Computer, Technology Predictions, Feb. 2021） **Computer**

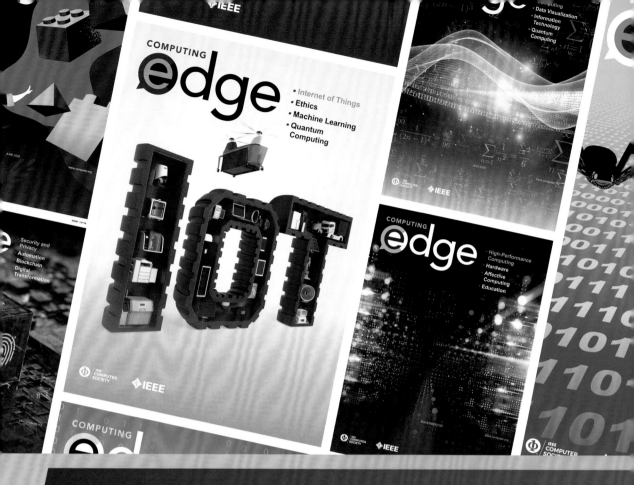

ComputingEdge

为您提供行业热门话题、科技综述、深度文章的一站式资源

来自IEEE计算机
协会旗下12本杂
志的前沿文章

计算思想领袖、
创新者和专家的
独特原创内容

使您随时了解最
新的技术知识

免费订阅
www.computer.org/computingedge

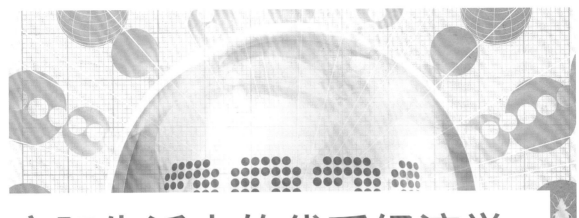

实际生活中的代币经济学：Insolar 区块链网络的加密币及激励机制

文 | Henry M. Kim　约克大学
　　Marek Laskowski，Michael Zargham　BlockScience
　　Hjalmar Turesson　约克大学
　　Matthew Barlin　BlockScience
　　Danil Kabanov　Insolar
译 | 涂宇鸽

代币经济学指建立加密货币激励机制并实施治理的研究。如今，加密币市值已达 2500 亿美元，因此有必要对其进行深入研究。本文将介绍为一家瑞士区块链初创企业而进行的代币工程的部分内容。

显　然，区块链的核心前提，并非依赖某一受信中介专门管理那些记录某一网络中各成员交易的账簿，而是允许各成员自行管理各自手中同一账簿的副本，并确保所有副本同步更新。如此一来，区块链并不需要那些经常利用信息不对等所带来的便利中饱私囊、低效运作、滋生腐败的中介。这一去中心化设计的一大挑战在于激励机制。中介即便在不为一己私利的情况下，仍有充足动力提

供中心化服务，比如 Visa 和万事达等的交易费、谷歌等的数据分析费，以及优步等的推荐费[1]。在利用去中心化手段提供服务时，则需要新的激励机制。

例如，区块链网络通过激励受信任的第三方，缓解了发送方同时向两个不同接收方发送其无法完全支付的货币的"双重支付"问题[2]。该第三方既非发送方，亦非接收方，且不可与收、发方暗中勾结。他们负责确保交易中只有一个合法的接收方，避免同一笔

数字货币被花用两次以上。大约每隔十分钟，区块链网络即会选出一名第三方"矿工"，将新的区块添加至比特币区块链上。在此区块链中，各区块由上一个经矿工核实、确保未出现"双重支付"的区块结束后记录的所有交易组成。目前，每次添加新区块时，矿工会收到12.5比特币作为奖励，约相当于12.5万美元。

由此我们设计出了一个简化的比特币代币经济模型，或称比特币加密经济模型，再现比特币经济所倚赖的机制，即第三方矿工进行核查，为发送方和接收方确保资金不足时无法进行交易，由此获得接收（"挖掘"）比特币的奖励。

比特币为"协议内"代币经济的例子。即比特币作为其网络的代币，根据程序规则自动进行交易。由此，该网络激励利益攸关方采取行动，保障网络顺畅运行。相比之下，Hyperledger Fabric 和 R3 的 Corda 等平台并没有用加密币作为激励。这些平台专为专用网络中的使用需求服务，使用的是"协议外"的传统的组策略。专用网络中各方通常相互较为熟悉，且需要持续进行交易，更倾向于遵守能维系其在私有链内及私有链之外的关系的策略。

本文介绍的是实际生活中为 Insolar 设计协议内代币经济模型的研究。Insolar 为一家80人的区块链初创企业，总部在瑞士，在五个国家设有办事处。该公司于2017年12月进行首次代币发行，共筹集4200万美元[3]。由于即将推出其公开的非许可链 Insolar 主网，Insolar 在尝试利用应用系统动力学建模及仿真模型来更新其商业模式。由此模拟研究得出的结论已纳入一个涵盖多个利益攸关方的代币经济模型，补充更新了该公司的商业模式。

我们认为，研究代币经济模型这样实际生活中

我们认为，研究代币经济模型这样实际生活中的新用途，对学术研究而言是一次难得的机遇，且颇具现实意义

的新用途，对学术研究而言是一次难得的机遇，颇具现实意义。有鉴于此，本文安排如下。首先，本文将整理相关工作，简述代币经济模型的形成。其次，本文将进一步详述 Insolar 及其对代币经济模型的具体要求。而后，笔者将节选与"补贴池"机制有关的模拟研究及研究结果进行介绍（"补贴池"为一项激励计划，用于补贴提供可在主网上执行的应用的第三方）。最后，本文将总结此次模拟对 Insolar 的代币经济模型设计及整个加密币及代币经济学的借鉴意义。

背景

笔者认为，关于如何设计基于区块链的加密代币的微观经济学，有两大类截然不同的学术研究。第一类为经济学家的视角，如 Facebook 赞助的 Libra 加密币系统的首席经济学家 Christian Catalini 作为第一作者和 Joshua S. Gans 共同发表的颇具影响力的著作[4]。在这一视角下，一部分研究关注的是专为加密币矿工设计的激励机制[5~7]，一部分是研究基于代币的平台中各利益攸关方的激励措施，如投机性[8, 9]和实用性[10]的加密货币投资者、平台用户[11]及分布式应用开发者[12]。经济学家研究视角的基础为封闭式经济模型。即便是应用更精确的动态模型的研究人员[13, 14]，通常也会避开复杂的多利益攸关方分析，而选择封闭式经

济模型。除此之外，其他补充性研究包括对代币经济学的文献计量调查[15]及应用于特定行业的代币经济学研究[16]。

与此差异极大的一个视角是关注基于代币的经济的系统性发展，有时可称为代币工程。需要注意的是，代币工程是代币建模的过程，而非更大的、生成区块链系统本身的软件工程过程。代币工程的产物为在区块链系统中运行的模型、结果及文件。此视角与经济学家视角的一大区别为，尽管不能提供简要的闭合解，但借助处理复杂性的仿真模型，代币工程可以制造出多利益攸关方模型。

尤其值得一提的是，代币工程主要运用的仿真技术，不仅有基于博弈论的模型[19, 20]，还有基于代理的模型（ABM）[18]。例如，网络动态的ABM分析表明，比特币网络独特的代币模型会使该网络稳定、可自行维持[21]，其他模型则会模拟比特币交易市场的大量细节[22, 23]。为拓展至其他加密币及区块链设计，经过各种分析，已经设计出了总体框架及仿真环境，包含 LUNES-blockchain[24]、BlockSci[25]、Blocksim[26]、Simblock[27]、麻省理工学院的BASIC[28]及cadCAD[29]。对于比特币以外的情况，我们发现，各种分析研究一般聚焦于利用ABM模拟区块链共识机制和吞吐量的技术特征，并呈现出一个底层的代币经济学模型。本研究的独特性在于，我们利用仿真模拟设计经济模型的各种特征，并在学术出版物中提供相关详细信息。可以想象，如果是加密初创公司，即便承担了此类工作，也不会希望泄露或公示此类信息。总之，本文的创新点在于，向大家展示一个成功范例。

我们在设计 Insolar 的代币经济系统时，利用的是 cadCAD[29]，该建模框架需要将代币设计问题概念化，转化为微分对策问题，状态变量值会按照一些微分方程随时间推移而变化。正如图 1 中 Insolar 的模型所示，复杂情形的数学建模难以处理，所以必须先对概念化过程进行图形化建模，清楚说明关键组成部分之间的反馈机制。

Insolar 代币经济模型建立

与以太坊模型相似，个人和小型企业可以将 Insolar 主网当作公有的非许可链，按交易次数收费。Insolar 还有一个不涉及代币的补充模型：只要支付法定货币费用，Insolar 就可以在商业网络中为企业设计和运营私有链。例如，Insolar 参与了可再生能源、供应链管理以及矿产等自然资源开采的项目。

本文将聚焦于主网。表 1 总结了利益攸关方及其在主网中的角色，并描述了正确的代币经济模型中这些角色会呈现的特征[30]。

以下为具体说明：

（1）比特币和以太坊是点对点网络，不向那些提供CPU周期、带宽或数据库的人支付费用。这些资源提供者的报酬是在主网中获得的。矿工的确消耗了大量资源，但这更多的是间接供给，贡献不一定与回报成正比。

（2）代币持有者以 XNS 币进行质押，维护网络中的共识。而在比特币和以太坊中，共识是靠矿工获得代币（工作量证明）及承担利益风险的代币持有者进行投票（权益证明）得以维护和保障的。由此确保值得信赖的共识机制存在后，代币持有者（风险承担者）即可让中小企业用户、应用开发者、资源提供者拥有信心，进而确保这些人的代币投资的稳定性。质押的代币会成为主网的一个保险来源，如果应用开发者或资源提供者违反了彼此之间的《服务级别协议》（SLA），可以用质押资金池的代币来赔付合法权益受

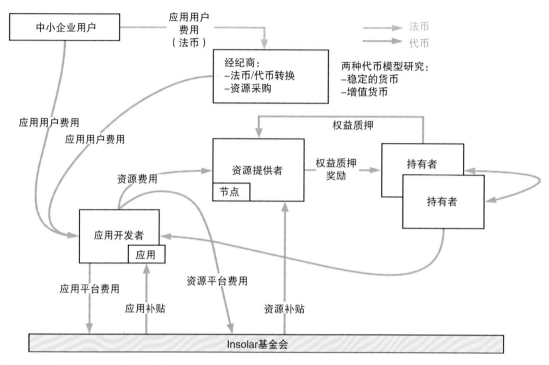

图1　Insolar主网上的所有反馈机制

利益攸关方	代币经济模型中的角色	代币经济模型应做到
表1　Insolar代币经济模型内的角色及动机		
中小企业用户 （个人及企业用户）	向应用开发者支付APP用户费用	提供可预知的费用结构 确保可预知的应用性能的质量
经纪商	将法定货币换为MainMet的加密币XNS币，并代中小企业用户向应用 开发者支付费用	确保主网的"资金供给"
应用开发者	开发并部署应用（即智能合约），并收取使用费 向Insolar基金会分别支付其提供应用执行平台及硬件资源的费用（即 应用平台和资源平台费用）	提供充足的消费群体及资源 确保资源提供者的服务质量符合 《服务级别协议》（SLA）
资源提供者	提供硬件（电信、CPU和数据库）作为主网上的一个节点来运行应 用，并收取费用 向XNS持有人支付权益质押奖励	向资源提供者提供稳定、可预测 的收入
代币持有者	以XNS币为SLA抵押品参与权益质押，并获得质押奖励 向资源提供者提供利益，而资源提供者又向应用开发者提供保险	提供充足的资源提供者质押需求
Insolar基金会	收取应用平台和资源平台费用，并向应用开发者和资源提供者提供补 贴，以激励他们参与	建立大型应用开发者社群 建立大型硬件资源市场 吸引企业使用Insolar主网 维护并改进平台

侵害的一方。相反，风险承担者确保自己的质押资金不会因此被提取，则会获得质押费奖励。这种奖励为一种投资收入，类似于利息。

（3）主网除运营外，管理也应该是去中心化的。永久由 Insolar 全权管理主网是不可取的。相反，这一网络需要一个管理的基础，类似于比特币和以太坊网络的基础，且 Insolar 应为该管理基础的众多成员之一。

模拟 Insolar 的代币模型：应用开发者补贴
系统仿真模型

代币建模首先需要有整个系统模型的规约，详情见图 2。

状态转换模型

虽然 Insolar 的研究范围较广，涵盖了每一方，但本文仅关注一个问题——在主网刚起步、尚未产生网络效应的情况下，如何激励前沿应用开发者参与。图 1 为本文所节选的研究内容，图 3 为其中的状态转换模型。如同基金库的规模一样，XNS 的价格变动视状态变量之间复杂的影响而定。另外，影响 XNS 价格的大多数变量都不在本文所介绍的补贴范围内，所以本文将不讨论价格变动的模拟。

状态变量的规约

表 2 为经简化的节选部分状态变量的形式规约。

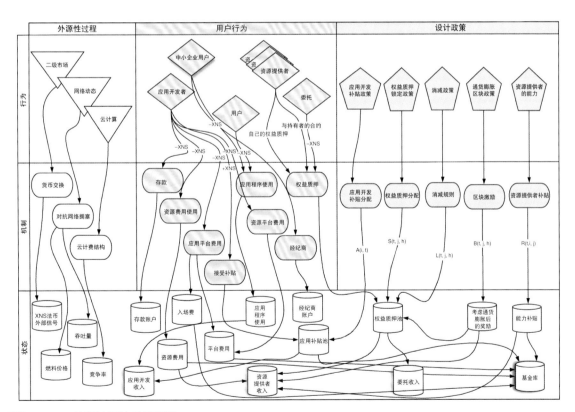

图2　Insolar 的整体系统仿真模型

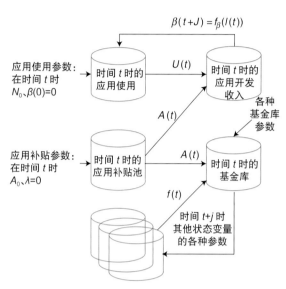

$$\beta(t+J)=f_\beta(I(t))$$

应用使用参数：
在时间 t 时
N_0、$\beta(0)=0$

时间 t 时的
应用使用

$U(t)$

时间 t 时的
应用开发
收入

各种
基金库
参数

$A(t)$

应用补贴参数：
在时间 t 时
A_0、$\lambda=0$

时间 t 时的
应用补贴池

$A(t)$

时间 t 时的
基金库

$f(t)$

时间 $t+j$ 时
其他状态变量
的各种参数

图3　Insolar状态变量转换（节选部分的应用补贴）

模拟运行

表2中应用使用参数 N_0 和 $\beta(0)$ 以及应用补贴参数 A_0 和 λ 为输入仿真模型中的变量，其中 A_0 反映了 Insolar的政策之下最初有多少预算用来补贴应用开发者、鼓励其在 Insolar 平台上开发应用，为决定性变量。

本文中的模拟（见表3）遵循了蒙特卡罗分析法，将起始奖励池的大小分为四种情况讨论，计算应用数量（即应用的使用）、应用开发者收入及基金库规模这些受影响的状态变量的平均值。在这些实验中，衰减率、模拟的时间步骤和蒙特卡罗运行的数量均保持不变。

模拟结果

图4（a）中应用补贴池的消耗，证明代币分配如预期那样出现了指数衰减，也证实了起始奖励池大小的不同所带来的变化。图4（b）说明了在此影响之下，XNS币是如何分配至应用开发者的。考虑到所描述的

表2　Insolar状态转换的形式规约（应用补贴节选）	
变量	形式规约
应用补贴池	在时间 t 时通过应用补贴分配给开发者的 XNS 币数量 $A(t)$ 由初始奖励池大小 A_0 和指数衰减率 λ 决定。因此， $$\frac{dA}{dt}=-\lambda \cdot A \qquad (1)$$
应用数量（应用使用）	时间 t 时的应用数量 $U(t)$ 由最初的 N_0 按照 $\beta(t)$ 的速率增长得越来越快。增长速率 $\beta(t)$ 会随时间 t 的变化而变化，但衰减率 λ 是常量。笔者意识到，应用的数量受用户、开发者等因素的数量影响很小。然而，我们通过更新 $\beta(t)$ 简化了这种复杂的相互作用关系，$\beta(t)$ 在每个时间步骤 j 中作为一个与应用收入密切相关的函数来捕捉这种关系。此参数由建模者自行调整，不一定是基于形式规则。 $$\frac{dU}{dt}=\beta(t)\cdot U \qquad (2)$$ $U(t+j)$ 是根据 $\beta(t+j)$ 计算得出的，而 $\beta(t+j)$ 又在建模中设置成了开发者在时间 t 的收入 $I(t)$ 的某个函数 f_β： $$\beta(t+j)=f_\beta(I(t)) \qquad (3)$$
应用开发者收入	时间 t 时应用开发者 XNS 币收入为时间 t 时所收到的补贴加上应用数量与平均一个应用的平均成本 c 的乘积。 $$I(t)=A_0-A(t)+c\cdot U(t) \qquad (4)$$
基金库规模	时间 t 时的基金库规模 $T(t)$ 取决于应用补贴池及其他不在本研究节选范围内的状态变量，如能力补贴和平台费用。此外，正如时间 t 时的应用数量的参数，$T(t)$ 也同样用于计算能力补贴和平台费用等变量的参数。$f(t)$ 是外部作用域变量的一个任意函数，$g(t)$ 是 $A(t)$ 和 $f(t)$ 的一个任意函数。在 $t+j$ 的其他状态变量的参数被用于 $T(t)$ 的函数： $$T(t)=g(A(t),f(t)) \qquad (5)$$

表3　模拟参数			
起始奖励池大小，按XNS计算（A_0）	衰减率（λ）①	时间步骤②	蒙特卡罗运行
$250\times10e6$	0.0005	3652	100
$500\times10e6$	0.0005	3652	100
$750\times10e6$	0.0005	3652	100
$1000\times10e6$	0.0005	3652	100

① 在 Insolar 经济参数设计及核实研究中，进行了更多实验，包括但不限于研究不同衰减率的影响。
② 模拟实验中的步骤是由一天增加到3652天（即10年）。

模型和不同的起始奖励池大小，这也是较为合理的。

有趣的是，如图5（b）所示，应用开发者的收入所呈现出的网络效应就不那么合乎直觉了。由图可知，长期来看，无论起始奖励池大小如何，应用开发者的收入都所差无几，二者似乎为复杂的、非线性关系。

起始奖励池对 Insolar 基金会所持有的代币价值也会产生非常有趣的影响。在预想中，二者应呈负相关。然而，模拟运行中有一部分与所选研究部分的补贴有

关，但又不属于这一补贴范围。正是由于这一部分模拟中的复杂行为，如图5（b）所示，基金会持有的代币价值实际上在随着起始奖励池规模的增加而增加。

模拟总结

此次仿真模拟得出的一个关键结论为，应用补贴会对基金库产生积极影响——起始奖励池规模越大，最终基金库的规模就越大。如果基金库的增长是平台

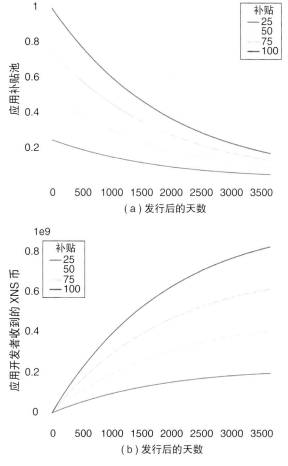

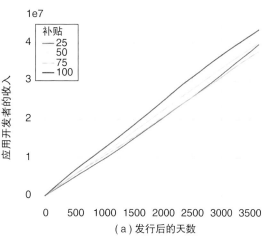

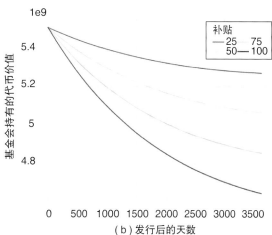

图4　应用补贴池与应用开发者的 XNS 币奖励对比

图5　应用开发者的收入与基金会持有的代币价值

成功会带来的副产品，那么根据模拟结果，应用补贴的确能够如预期那样促进平台的发展。有鉴于此，补贴池中应有大量 XNS 币。

但整体来看，起始奖励池规模的增长对应用开发者的直接益处并不明显，因为即便通过补贴向应用开发者发放更多的 XNS 币，也并不能保证永远对其产生网络效应。应用开发者需用 XNS 币向应用平台及资源平台支付费用，而且这些费用是按照一定速度在增长的，然而他们获得补贴的速度却在下降。最终，对于 Insolar 基金会而言，费用收入加速增长，补贴支出增速放缓，自然能从中获益。

总而言之，考虑到加密币扮演了越来越多的角色，尤其是再加上 Facebook、摩根大通和沃尔玛[31]最近宣布的事宜，笔者认为，代币经济学没有得到充分研究。本文节选了代币工程的过程，说明了仿真模型如何影响 Insolar 用于激励应用开发者在公有的主网上开发应用的机制——补贴池——的政策制定。模拟结果表明，扩大补贴池规模，可如预期那样促进主网发展。考虑到 Insolar 在试图为应用开发者及计算资源提供者建立一个活跃的生态系统，以鼓励个人及企业用户在主网发布后加入其中，此次建模的结论至关重要。

但本文篇幅有限，尚无法全面讨论理论问题，笔者并未深入研究这些仿真模型背后的形式控制理论，也并未涉及很多与经济学和运筹学中关于市场设计的传统文献。此外，尽管安全性一直是基于区块链的系统中一个迫在眉睫的问题，我们并没有对此展开讨论，因为我们的研究范围有限，需将主网的安全漏洞假定为我们的模型所不考虑的外源性事件。尽管存在上述不足，对于 Insolar 这样刚刚起步的新企业而言，未来成功与否，很大程度上都将取决于其模型能否激励众多利益攸关方选择他们的主网而非其他平台。我们相信，将这样策略性、具备学术创新性的行为可视化，能够对学界研究有所贡献。

实际上，Insolar 对未来的研究工作兴趣浓厚，希望更细致地研究应用补贴机制，探讨如何将以下几种补贴相混合，包括：

（1）应用种子，用于鼓励举办 Code Jam、Hackathon 等程序设计竞赛。

（2）新应用补贴，面向新部署的应用，在"上架折扣"时间过后将减少至零。

（3）吞吐量资源补贴，用于分担受欢迎的应用的开发者所带来的资源成本。

（4）成功奖励，用于奖励达到 Insolar 基金会所设定的战略性关键性能指标的应用开发者。

（5）用于判断如何混合各种补贴方式的仿真模型需基于并扩展本文所展示的研究工作。◘

参考文献

[1] M. Swan, "Blockchain thinking: The brain as a decentralized autonomous corporation [Commentary],"*IEEE Technol. Soc. Mag.*, vol. 34, no. 4, pp. 41–52, Dec. 2015. doi: 10.1109/MTS.2015.2494358.

[2] S. Nakamoto, "Bitcoin: A peer-to-peer electronic cash system," Bitcoin, 2008. [Online]. Available: https://bitcoin.org/bitcoin.pdf

[3] G. Moore, "INS Closes $42M ICO for decentralized grocery delivery," *Blockchain News*, Dec. 27, 2017. [Online]. Available: https://www.the-blockchain.com/2017/12/27/ins-closes-42m-ico-decentralized-grocery-delivery/

[4] C. Catalini and J. Gans, "Some simple economics of the blockchain," *Commun. ACM*, vol. 63, no. 7, pp. 80–90, July 2020. doi: 10.1145/3359552.

[5] D. Easley, M. O'Hara, and S. Basu, "From mining to markets: The evolution of Bitcoin transaction fees," *J. Financ. Econ.*, vol. 134, no. 1, pp. 91–109, Oct. 2019. doi: 10.1016/j.jfineco.2019.03.004.

关于作者

Henry M. Kim 加拿大安大略省多伦多市约克大学舒立克商学院的副教授兼区块链实验室主任，研究领域为区块链和本体论，在多伦多大学获得工业工程博士学位，电气电子工程师学会（IEEE）会员，曾共同组织了第二届 IEEE 区块链及加密币会议。联系方式：hmkim@yorku.ca。

Marek Laskowski 美国加州奥克兰 Block-Science 高级研究科学家，为区块链实验室及多伦多区块链周的联合创始人，在马尼托巴大学获得计算机工程博士学位。联系方式：marlas@yorku.ca。

Michael Zargham 美国加州奥克兰 Block-Science 的创始人兼 CEO，研究兴趣包括去中心化网络的动态资源分配，在宾夕法尼亚大学获得系统工程博士学位。联系方式：zargham@block.science。

Hjalmar Turesson 德勤数据科学家兼加拿大安大略省多伦多市约克大学舒立克商学院讲师，在普林斯顿大学获得神经科学和心理学博士学位。联系方式：hturesson@schulich.yorku.ca。

Matthew Barlin 美国加州奥克兰 BlockScience 首席系统工程师，研究兴趣包括基于模型的系统工程及区块链，在麻省理工学院获得海洋系统管理的理学硕士学位。联系方式：barlin@block.science。

Danil Kabanov 瑞士楚格 Insolar 公司开发中心负责人，研究领域为企业区块链系统，在俄罗斯托木斯克国立大学获得数学硕士学位，并在圣彼得堡理工大学获得经济学硕士学位。联系方式：danil.kabanov@insolar.io。

[6] G. Huberman, J. Leshno, and C. C. Moallemi, "An economic analysis of the Bitcoin payment system," *SSRN Electron.* J., Mar. 2019. Accessed: Feb. 04, 2020. [Online]. Available: https://papers.ssrn.com/sol3/papers.cfm?abstract_id=3025604

[7] L. W. Cong and Z. He, "Blockchain disruption and smart contracts," *Rev. Financ. Stud.*, vol. 32, no. 5, pp. 1754–1797, May 2019. doi: 10.1093/rfs/hhz007.

[8] S. Krueckeberg and P. Scholz, "Cryptocurrencies as an asset class?" in *Cryptofinance and Mechanisms of Exchange*, S. Gouette, G. Khaled, and S. Saadi, Eds. New York: Springer-Verlag, 2019, pp. 1–28.

[9] G. Dorfleitner and C. Lung, "Cryptocurrencies from the perspective of euro investors: A re-examination of diversification benefits and a new day-of-the-week effect," *J. Asset Manag.*, vol. 19, no. 7, pp. 472–494, Dec. 2018. doi: 10.1057/s41260-018-0093-8.

[10] K. Malinova and A. Park, "Tokenomics: When tokens beat equity," *SSRN Electron.* J., Nov. 2018. Accessed: Feb. 04, 2020. [Online]. Available: https://papers.ssrn.com/abstract=3286825

[11] E. Pagnotta and A. Buraschi, "An equilibrium valuation of Bitcoin and decentralized network assets," *SSRN Electron. J.*, July 2018. Accessed: Feb. 04, 2020. [Online]. Available: https://papers.ssrn.com/abstract=3142022

[12] C. Catalini and J. S. Gans, "Initial coin offerings and the value of crypto tokens," *SSRN Electron. J.*, Mar. 2019. Accessed: Feb. 04, 2020. [Online]. Available: https://papers.ssrn.com/abstract=3137213

[13] B. Biais, C. Bisière, M. Bouvard, and C. Casamatta, "The

blockchain folk theorem," *Rev. Financ. Stud.*, vol. 32, no. 5, pp. 1662–1715, May 2019. doi: 10.1093/rfs/hhy095.

[14] L. W. Cong, Y. Li, and N. Wang, "Tokenomics: Dynamic adoption and valuation," *SSRN Electron. J.*, p. 43, May 2019. Accessed: Feb. 4, 2020. [Online]. Available: https://papers.ssrn.com/sol3/papers.cfm?abstract_id=3222802

[15] A. F. Bariviera and I. Merediz-Solà, Where do we stand in cryptocurrencies economic research? A survey based on hybrid analysis. Mar. 2020. Accessed: May 03, 2020. [Online]. Available: http://arxiv.org/abs/2003.09723

[16] J. Zhang, F.-Y. Wang, and S. Chen, Token economics in energy systems: Concept, functionality and applications. Aug. 2018. Accessed: May 03, 2020. [Online]. Available: http://arxiv.org/abs/1808.01261

[17] A. Pazaitis, P. D. Filippi, and V. Kostakis, "Blockchain and value systems in the sharing economy: The illustrative case of Backfeed," *Technol. Forecast. Soc. Change*, vol. 125, pp. 105–115, Dec. 2017. doi: 10.1016/j.techfore.2017.05.025.

[18] E. Dhaliwal, Z. Gurguc, A. Machoko, G. Le Fevre, and J. Burke, "Token Ecosystem Creation A strategic process to architect and engineer viable token economies," Outlier Ventures, London, 2018. [Online]. Available: https://outlierventures.io/wp-content/uploads/2018/03/Token-Ecosystem-Creation-Outlier-Ventures-1.pdf

[19] J. Barreiro-Gomez and H. Tembine, "Blockchain token economics: A mean-field-type game perspective," *IEEE Access*, vol. 7, pp. 64,603–64,613, May 2019. doi: 10.1109/ACCESS.2019.2917517.

[20] S. Bartolucci and A. Kirilenko, A model of the optimal selection of crypto assets. June 2019. Accessed: May 03, 2020. [Online]. Available: http://arxiv.org/abs/1906.09632

[21] M. Zargham, Z. Zhang, and V. Preciado, "A state-space modeling framework for engineering blockchain-enabled economic systems," in *Proc. 9th Int. Conf. Complex Systems*, Cambridge, MA, 2018, pp. 4–21.

[22] L. Cocco, R. Tonelli, and M. Marchesi, "An agent-based artificial market model for studying the Bitcoin trading," *IEEE Access*, vol. 7, pp. 42,908–42,920, Mar. 2019. doi: 10.1109/ACCESS.2019.2907880.

[23] K. Lee, S. Ulkuatam, P. Beling, and W. Scherer, "Generating synthetic Bitcoin transactions and predicting market price movement via inverse reinforcement learning and agent-based modeling," *J. Artif. Soc. Soc. Simul.*, vol. 21, no. 3, p. 5, 2018. doi: 10.18564/jasss.3733.

[24] E. Rosa, G. D'Angelo, and S. Ferretti, "Agent-based simulation of blockchains," in *Proc. Methods and Applications Modeling and Simulation Complex Systems*, Singapore, 2019, pp. 115–126. doi: 10.1007/978-981-15-1078-6_10.

[25] H. Kalodner, S. Goldfeder, A. Chator, M. Möser, and A. Narayanan, BlockSci: Design and applications of a blockchain analysis platform, Sept. 2017. Accessed: Feb. 04, 2020. [Online]. Available: http://arxiv.org/abs/1709.02489

[26] M. Alharby and A. van Moorsel, "BlockSim: A simulation framework for blockchain systems," *ACM SIGMETRICS Perform. Eval.* Rev., vol. 46, no. 3, pp. 135–138, Jan. 2019. doi: 10.1145/3308897.3308956.

[27] Y. Aoki, K. Otsuki, T. Kaneko, R. Banno, and K. Shudo, "SimBlock: A blockchain network simulator," in *Proc. IEEE INFOCOM 2019—IEEE Conf. Computer Communications Workshops (INFOCOM WKSHPS)*, Apr. 2019, pp. 325–329. doi: 10.1109/INFOCOMW.2019.8845253.

[28] L. Marrocco et al., "BASIC: Towards a blockchained agent-based simulator for cities," in *Proc. Massively Multi-Agent Systems II*, Cham, 2019, pp. 144–162. doi: 10.1007/978-3-030-0937-7_10.

[29] Z. Zhang, Engineering token economy with system modeling. June 2019. Accessed: Feb. 04, 2020. [Online]. Available: http://arxiv.org/abs/1907.00899

[30] "Insolar economic paper," Insolar, Zug, Switzerland, June 2019. [Online]. Available: https://insolar.io/uploads/Insolar Economic Paper.pdf

[31] M. del Castillo, "Blockchain goes to work at Walmart, Amazon, JPMorgan, Cargill and 46 other enterprises," *Forbes*, Apr. 16, 2019. [Online]. Available: https://www.forbes.com/sites/michaeldelcastillo/2019/04/16/blockchain-goes-to-work/?sh=1111ad922a40

（本文内容来自 Computer, Technology Predictions, Jan. 2021）**COMPUTER**

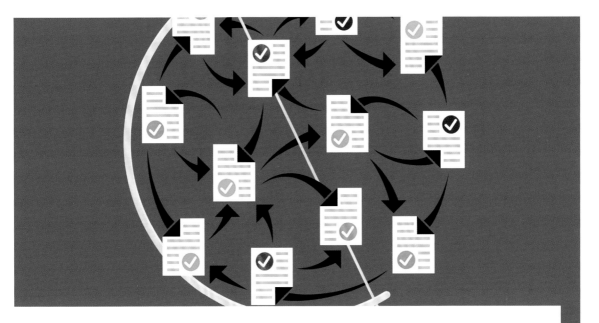

分布式分类账分析的分类法

文 | **Friedhelm Victor**　柏林工业大学
　　Peter Ruppel　CODE 应用科学大学
　　Axel Küpper　柏林工业大学
译 | 涂宇鸽

在过去的十年中，区块链及分布式分类账发展迅猛。鉴于交易量的增长以及基于智能合约的去中心化应用的激增，有必要加深对这一领域的了解。于是，我们构造了一个新的领域，称之为分布式分类账分析。

分布式分类账技术（DLT）目前正在克服关键障碍，有可能发展成为全球数据交易处理的运行骨干。比特币、区块链等早期的 DLT 仍然存在能耗高、容量低的问题，每秒只能处理几笔交易。然而，最近的协议进展有望提高可扩展性，并减少每笔交易的能耗。大量参与者之间的共识、复制和同步等功能，以及即将推出的扩展方案，使之能够用于处理多个实体之间的交易。大

型企业对此兴趣浓厚。2020 年 2 月《福布斯》的一篇文章[19]列出了 50 家估值或最低营收为 10 亿美元的公司，这些企业正在探索如何利用区块链和 DLT 提升其业务水平。这些进展惠及了所有商业领域，包括供应链和物流、医疗保健以及媒体和娱乐。其中金融领域备受关注，去中心化金融（DeFi）逐渐成熟。一方面，Facebook 计划推出数字货币"Diem"（曾命名为"Libra"），说明未来私营企业也能推出供广泛使用的

数字货币。另一方面，政府机构也在密切跟进，如中国政府正在研究中央银行的数字货币。

DLT的普及很大程度上是因为这项技术不需要传统经济中的中介。此外，DLT有望使各参与者相互信任，并保证信息透明。因此，许多初创企业正致力于开发产品，挑战现有的依赖中介或中央控制的商业模式。未来，DLT将被众多行业广泛采用，进而形成全球性分布式分类账网络。

一些分类账将致力于满足供应链管理等特定商业领域的需求，而另一些则可能专注身份管理等跨领域的需求。很多分类账可能会开放给所有人参与，其他的则可能属于许可账本，通常由公司联盟控制。此外，很多分类账包含脚本或智能合约这样的可编程单元，这些单元为计算机程序，其逻辑可以通过向其发送交易来触发。可以预见，DLT将在各种商业领域的交易处理中发挥重要作用。因此，分析这项技术本身所含及与之相关的基础数据的需求越来越多。

我们认为，分布式分类账分析（DLA）是一系列用来研究一个或几个分布式分类账随时间推移而不断变化的特征和相互影响的活动。DLA的目的是提取信息并得出结论，以用于促进研究和创新、分布式分类账的运作、应用开发和经济学等领域的发展。通过DLA得出的度量指标和结论也十分广泛，涵盖了分类账本身、投票和共识算法、参与者、代币化数字资产的分配和价值开发等。

为应对这种复杂性，我们将DLA领域细分为四个子类别。这四个类别源于我们认为与DLA最相关的两个维度——功能和关系。功能维度可分为功能角度和非功能角度。与这些术语在软件工程需求分析中的含义类似[1]，DLA的功能角度包括所有与分布式分类账本身的执行交易等功能相关的衡量指标、结论和

方法。非功能角度则是关于分类账应有的工作和运行方式的，比如可以决定下一个区块的下一个用户的投票等。关系维度可分为DLT内部事务和外部事务。内部事务聚焦于发生在DLT和相应的P2P网络内部的DLA，外部事务考虑的则是DLT与其周围用户、交易所、预言机等信息来源组成的生态系统之间的相互影响。如图1所示，综合考虑功能维度和关系维度，我们划分的DLA的四个子类别为：交易分析、智能合约分析、价值分析和治理分析，每一类别关注的要么是分布账的某一个方面，要么是它们周围的生态系统，要么两者兼而有之。

本文将首先介绍与上述四个类别相关的DLT基础知识和典型的DLA方法，接着逐一详述这些类别，最后再说明分类法的适用性，并呼吁大家采取行动。

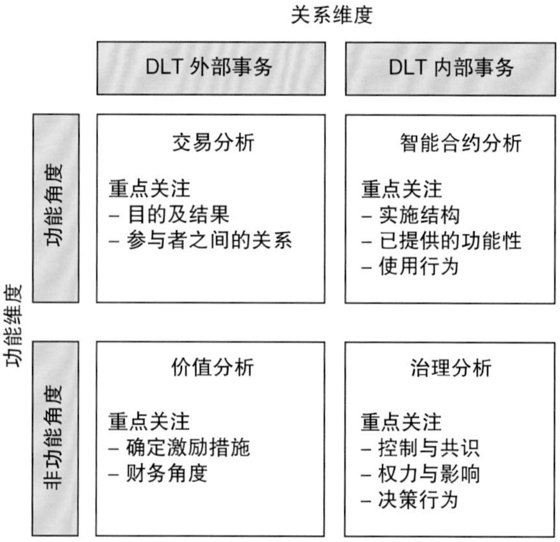

图1　按功能和关系维度划分的DLA子类别。每个子类别都有自己重点关注的领域，如果想了解其中的差异，可以将新出现的DLT概念和现象映射到每个分析领域，确认是否与之相匹配。图中列出的四个子类别将在本文同一标题下逐一讨论

分布式分类账的基础知识

所有分布式分类账的目标都是维护在用户群所共享的信息上的共识。这些信息可以是数字钱包的余额、供应链中的交接证书、投票的结果，甚至是一个计算机程序的整个状态。随着时间的推移，完成一笔笔交易后，这些信息也会随之更新。而要进行交易，则需要先由分布式分类账的一名用户宣布进行交易，再由其他用户确认后方可开始。这一过程既需要共识算法，也需要有合适的P2P网络，以便参与者通过这一网络交换信息。所有分布式分类账所面临的一个核心挑战是，要应对出现拜占庭行为的用户[2]。所谓拜占庭行为，就是用户不仅随时可能出现问题或消失，还有可能向其他用户传达恶意的矛盾信息。为应对这一问题，分布式分类账需要能在拜占庭行为出现时继续工作。

过去，在比特币、以太坊等面向区块的分布式分类账中，交易是按时间顺序归入区块的。这种做法可行是因为过去的区块和交易通常是不可改变的，而现在的核心问题在于，新的区块和交易是不断追加的。在此方面，分布式分类账和传统数据库中的交易存在差异。首先，分布式分类账记录交易的速度通常要慢得多。其次，分布式分类账中的交易代表了状态的变化，而传统数据库中的交易则是用新的变量覆盖当前的状态。这一差异也是分布式分类账极其适合分析的原因。在多数情况下，每一位参与者都可以访问了解所有的状态变化，以验证分布式分类账的完整性。然而，普通参与者并不需要存储所有交易的全部历史，而只需要跟踪一组最近交易的区块元数据，充当所谓的"轻客户"就足够了。然而，大多数类型的DLA却都需要所有历史交易的完整记录，这些数据可以通过运行存储每一笔历史交易的客户端"完整节点"来获

得。最后，用户部署的脚本或智能合约代码可用于构建去中心化的应用（Dapp）。因为一些智能合约编程语言是图灵完备的，所以理论上我们可以在去中心化应用中执行任意指令。然而，由于许多参与者希望重放并验证任一去中心化应用的每一个函数调用，目前Dapp的时间和空间复杂性实际上都受到了限制。

DLA方法

DLA的出现得益于现有的分析技术，尤其是经典的图论和网络分析。例如，在建模时，可以将用户的账户地址设置为图中的顶点，在这些地址之间转移货币或数字资产的交易设为图中的有向边，然后利用网络分析，可以确定互动地址的集群和社区，对地址和交易进行分类，或确定账户之间的耦合程度等。如果想全面了解图论和网络分析，可以参阅West等人[3]和Newman[4]的文献。

时间序列分析提供了各种可行的方法，研究动态图和周围现象随时间的变化。这些方法可以用于检测后续活动之间的相关性，从而确定智能合约网络中常出现的级联行为，或观察与Dapp或整个商业领域发展有关的模式。

在另一层面上，程序分析领域包括各种有望帮助研究智能合约的方法。这些方法可以体现静态结构和动态行为，从而有可能让人得出结论，知道哪些智能合约是健康的，哪些是存在问题的。

交易分析

交易为所有分类账的功能成分，也与分布式分类账有外部关系，因为参与者通常都会有一个与之相对应的追求特定目标的外部用户或企业。因此，交易分析通常会重点关注分析交易的目的和结果、参与者和

可观察到的关系。在下文中，交易分析将作为一系列方法，分析分布式分类账的状态变化以及由此产生的参与者之间的关系。

交易分析需要我们提取交易并解析参数。根据底层系统及其基本功能，每笔交易可以与多个账户相关联、包含脚本、创建智能合约、执行会导致状态改变的代码、触发事件或仅仅转移资产。

分析交易对几个用例都产生了益处，如主体特征和一般使用分析及欺诈行为检测，包括洗钱[5]、被盗货币[6]、勒索软件支付[7]，以及旨在破坏系统性能的恶意交易。由于账户地址是匿名的，很难确定网络中参与者的身份，因此，确定参与主体的特征这一方法颇为重要。

最后，了解由交易产生的网络结构可以帮助我们深入了解分布式分类账的使用情况。早期的研究工作包括分析比特币交易图[8]等内容，而之后的研究重点为进化[9]。最近，人们开始研究代表资产转移的以太坊代币网络[10]，并且提出了地址聚类方法[11]。

图2为小型代币网络的具体例子。顶点代表以太坊的账户，边表示代币转移。绿色的顶点表示最初分发代币的账户，黑色的顶点是活跃的最初接收代币的账户，红色为加密货币交易所的账户。通过视觉分析，我们观察到以下情况：在最初分配时收到代币的用户中，有很大一部分是不活跃的，没有用他们的代币做任何事情，而那些活跃的用户把他们的代币发送到了交易所。除了那些帮助其他用户将代币发送至交易所的账户，各个账户之间几乎没有任何代币转移。这可能表明，在此代币网络中，转移代币的主要动机

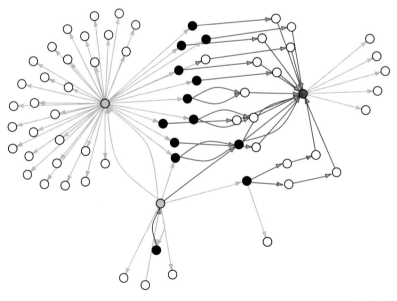

图2　表明使用情况的代币转移。绿色账户地址将代币分配给最初的接收者（以黑色标示）。如果存在到交易所的最短路径，则用红色标示。在该代币网络中，大量代币转移都是转至交易所（红色的点）的，而且许多接收者并没有继续转移他们的代币。欲了解代币网络可视化的集合，请访问https://tokengallery.net

是在交易所进行交易。

该领域未来的挑战包括分析链上资产网络、DeFi服务及第二层链外扩展解决方案。由于一些机制是为私有用途而设计的，可能也需要分析其私有属性是否成立。

智能合约分析

现代分布式分类账的一个关键要素是提供可执行功能的智能合约。因此，考察的属性在本质上是具有功能性的，且与DLT存在内部关系，因为智能合约在没有预言机等辅助手段帮助的情况下，不能访问外部信息，智能合约只能在DLT的范围内执行，以确保在重放发送到智能合约的交易时的可再现性。我们对智能合约分析的定义为，检查分布式分类账上智能合约的结构、功能和使用情况的一组方法。

截至目前，大部分智能合约代码分析都集中在安全性[12, 13]和逆向工程[14]上。这一领域非常重要，因为可靠的、值得信赖的智能合约构成了日益复杂的系统的基础。

与此同时，分析个人智能合约也很有意义，而且消费者和经营者的观点都可以考虑。例如，在供应链的实施中，分析得出的结论揭示了利益攸关方和货物在供应链上的相互作用，提供了新的透明度，从而惠及用户。在其他场景中，用户可能想了解他们与智能合约的相互影响是否真的导致了所需要的内部变化。目前的区块浏览器应用只触及这个问题的表面，即虽然至少在某些情况下高级代码是可用的，但普通终端用户仍难以理解智能合约的内部运作。对于运营商而言，他们想要了解自己们的智能合约是如何使用的，因此同样可以从分析中获益。由于智能合约也使去中心化的自治组织（DAO）成为可能，所以甚至可能没

有智能合约运营商。尤其在这些情况下，DAO的功能必须是完全透明的。

智能合约分析的用例包括欺诈检测、运行透明度、依赖性分析和一般使用分析。由于智能合约允许欺诈，因此有必要检测欺诈是否存在并进行相应的标记。非常突出的案例是以各种形式存在的庞氏骗局和金字塔骗局合同[15]。一般而言，合同的类型和功能相当广泛。在这一方面，已经有一个人为在以太坊和比特币区块链上发现的分类法提出[16]。并非所有智能合约的所有者都提供了他们的源代码，但即使他们提供了，由交易引起的底层状态变化对最终用户来说也是不透明的。例如，需要进行分析才能验证底层状态的变化是否与发出的事件相一致。随着智能合约系统变得越来越复杂，揭示这些系统是如何相互依赖的，将是维护信任的重要一环。

价值分析

比特币最初是作为货币使用的，这也是大多数公共分类账的核心功能。随着代币的普及，在基础货币之外也可以创造价值，代表各种形式的资产、投票、会员资格等。区块链资产的价值通常通过供应和需求来决定。交易可以通过去中心化的交易所在链上进行，但大都是在区块链之外的中心化交易所链下进行的。因此，该领域有很强的外部DLT关系。就所考察的属性而言，这一领域是非功能性的，因为决定相关价值的因素是与分类账提供的功能相互独立的。

我们对分布式分类账中的价值分析的定义为，对可以测量货币价值的项目、机制或行为的探究。这一领域通常重点关注金融激励机制、加密经济机制以及金融方面的一般测量和量化的分析。

在对加密货币和其他区块链资产进行价值分析

时，通常需要从交易所等外部信息源获得价格信息。这种数据可以按不同的周期获取，如一周、一天或一小时，甚至是一笔交易，也就是可能按亚秒获取数据。

价值分析的用例包括欺诈检测、财富分配分析、通货膨胀对使用的影响以及激励机制的分析。由于加密货币数量庞大，许多资产都是很大程度上不受监管的小市场，这使得团体和个人可以像在传统市场中那样操纵价格，如通过分层和晃骗等洗售交易或篡改订单簿。市场垄断，即大部分货币聚集在少数人手中，也可能带来问题。确定资产的价格波动性也许可以让人了解资产的效用。如果一项资产的唯一效用是价格投机，那么它的波动性可能会很高。另一方面，美元Tether和DAI等所谓的"稳定币"是人为设计成了波动性非常小的状态，这就存在一个问题，即这样的系统是否会导致效用发生改变。想要了解价格波动如何影响激励机制，就需要调查评估系统的安全性。

关于欺诈检测用例，我们详细介绍了如何识别加密币的价格操纵，重点关注了低吸高抛的Pump & Dump计划。该计划人为抬高了价格，以便协调人出售获利，而接下来的价格下跌会导致毫无戒心的投资者蒙受经济损失。这种计划经常在Telegram和Discord等社交软件中组织，组织者会安排时间执行计划。除了目标交易所和货币极为细致的价格数据外，还需要获得聊天信息以确定基础真相。将这些数据结合起来，便可以清楚了解活动范围。图3说明了2018年10月17日代币Polymath（POLY）是如何被操纵的。在发布Pump公告之后，价格在短短30秒内增加了70%以上。1分钟后，总交易量达到100万美元。一旦此类事例的数量多起来，这一现象就可以量化[17]。

由于过去几年中发行了大量的资产，每个资产

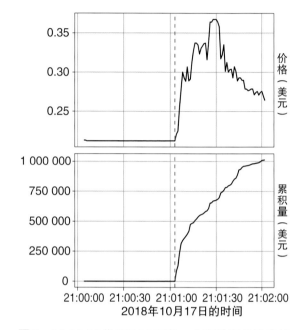

图3　21:00:03代币POLY在一个有数千名用户的Telegram频道上公布时的总交易量。为推高价格、售出获利，他们同时在Binance交易所购买该资产，导致价格立即飙升，但仅30秒后又开始下跌。总交易量在1分钟内达到100万美元以上

都有各自的关注点和潜在的不同机制，因此未来价值分析方面会是多样的。除此之外，鉴于加密币已达数百种，且货币供应量也都有所不同，可以研究货币发行、通货膨胀和通货紧缩对系统采用和投资者行为的影响。

治理分析

DLT的一个非功能角度涉及治理的质量问题。分布式分类账的治理包括改变基本系统规则、配置和机制的过程，其中包括如何确定规则，以及系统的用户是否有权力对其施加控制。这些过程本身及其影响主要局限于分布式分类账本身。也就是说，因为围绕分

类账的所有活动都只关注分类账，并且只因为存在分类账而进行，所以治理事项是DLT内部的。我们将治理分析一词定义为审查控制和共识机制的一套程序、由此产生的个人或由个人组成的群体的权力和影响力的分配以及参与者的实际决策行为。

由治理分析得出的结论有助于开发新的、更加公平的系统，避免中心化的倾向，并限制强大的参与者串通一气增加自身利润、维护一己私利的可能性。也许一个类似于民主程序的系统是较为理想的，但它需要考虑的问题是，系统的激励措施是否强大到足以鼓励用户参与其中。这些问题不仅与未来公共的分布式分类账的设计有关，也可能影响到财团运营的系统的设计。

鉴于每个分布式分类账都需要一定比例的完全遵守分类账协议的诚实参与者，有必要监控那些行为偏离协议的参与者。一个例子是比特币中的自私挖矿问题[18]，即几位矿工串通一气，通过人为推迟已挖区块的披露，从而比其他矿池获得更多意料之外的优势。

类似地，当网络中那些负责创建区块的参与者可以选择包含哪些交易时，无论他们是通过挖矿还是在投票中当选去创建区块，寡头甚至卡特尔的形成会带来问题。最近一个基于投票的分类账的例子是EOS。所有EOS账户（即代币持有者）都可以对创建区块者进行连续的、加权的、多赢的批准投票，以回合制的方式创建区块。这样一来，代币持有者通过将他们的权力委托给创建区块者来管理EOS区块链，修改区块链。如果创建者拒绝做按照预期进行修改，则将被代币持有者投票淘汰。

鉴于这一投票机制，治理分析的一个基本问题是要考虑代币在代币持有人之间的实际分配，判断EOS的去中心化水平。图4展示了9个月内所有质押代币的EOS账户的基尼指数的变化。例如，在2019年2月25日，共有409.741个EOS账户有质押代币，这些代币在账户中的分布的基尼系数为0.987，说明投票权的分布极不均衡。这里需要说明的是，基尼系数指的是实际投票权在所有EOS账户中的分布。所谓的"链外交易"和许多EOS代币交易所常见的控制仍未观察到。类似地，一些人很可能通过开设多个独立的EOS

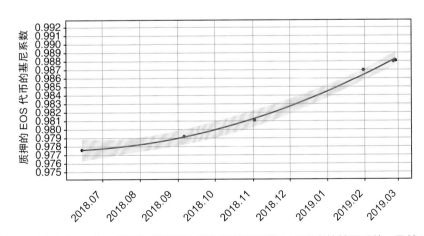

图4　从2018年6月中旬到2019年2月下旬观察到的所有质押代币的EOS账户的基尼系数。虽然2018年6月时基尼系数已经非常高，但随着时间的推移，该指数仍在持续上升

账户等方式，降低账户密钥受损带来的风险。反过来，一个人的基尼指数甚至将高于单个账户的基尼系数。

　　未来治理分析的研究工作可以聚焦于找出系统规则经过修改的案例并研究其影响。一个应当受到越来越多关注的领域是新兴的权益证明机制，最近也的确已经有了许多相关研究。

呼吁行动

　　本文说明了分布式分类账的一个分类法。许多分析都是基于交易数据进行的，但DLA下分的智能合约、价值和治理这些子类别都为未来的研究提供了更多可能性，远没有穷尽所有研究方向。要想让DLT发展为未来应用中的全球性运营骨干，必须先确保它们值得信赖。为此，则需要加强监控，进一步深入了解这些技术，唯有如此才能最大程度发挥透明度的优势。可以说，要使DLT值得信赖，下一个重点在新的去中心化金融领域内。保险、借贷和衍生品等新型复杂服务，正随早期的攻击和欺诈一同迅速发展。如果复杂性和信任问题解决了，便能为未来的支柱应用铺平道路。本文提供的分类法便是一个起点。给定一个新的DLT相关技术、概念或现象，人们便可以应用四个子类别的主要关注点来确定可能的研究问题。

　　对于目前研究中基本没有涉及的DeFi案例，交易分析提出了以下问题：哪些参与者在使用DeFi服务？他们之间的关系是什么？从智能合约的角度来看，如何实施和使用DeFi解决方案？从价值的角度来看，又提出了产生的交易量、分配给服务的资金以及使用这些服务的激励措施的问题。在治理分析的背景下，还存在由谁控制DeFi服务、潜在费用及其影响的问题。对于一些DLA子类别而言，潜在的问题可能有时并不重要，但这仍然是一个富有成效的策略，能够系统地发现新的研究问题。

　　过去十年中出现的DLT，如今已经可以观察到新的影响模式。从更长的时间维度来看，正如几十年前刚出现社交网络时那样，我们目前正处于分析起源的科学领域发展的开端，需要进行基础研究，以加深对资产、Dapp、分类账和用户之间的依赖关系的理解。█

参考文献

[1] L. Chung, B. A. Nixon, E. Yu, and J. Mylopoulos, *Non-Functional Requirements in Software Engineering*, vol. 5. New York: Springer-Verlag, 2012.

[2] L. Lamport, R. Shostak, and M. Pease, "The byzantine generals problem," *ACM Trans. Program. Lang. Syst.*, vol. 4, no. 3, pp. 382–401, July 1982. doi: 10.1145/357172.357176.

[3] D. B. West et al., *Introduction to Graph Theory*, vol. 2. Upper Saddle River, NJ: Prentice Hall, 2001.

[4] M. Newman, *Networks*. London: Oxford Univ. Press, 2018.

[5] M. Möser, R. Böhme, and D. Breuker, "An inquiry into money laundering tools in the bitcoin ecosystem," in *Proc. eCrime Researchers Summit (eCRS)*, 2013, pp. 1–14. doi: 10.1109/eCRS.2013.6805780.

[6] F. Reid and M. Harrigan, "An analysis of anonymity in the bitcoin system," in *Proc. Security Privacy Social Netw.*, 2013, pp. 197–223. doi: 10.1007/978-1-4614-4139-7_10.

[7] M. Paquet-Clouston, B. Haslhofer, and B. Dupont, "Ransomware payments in the bitcoin ecosystem," in *Proc. 17th Annu. Workshop Econ. Inform. Security (WEIS)*, Innsbruck, Austria, June 2018, pp. 1–11.

[8] D. Ron and A. Shamir, "Quantitative analysis of the full bitcoin transaction graph," in *Proc. Int. Conf. Financial Cryptogr. Data Security*, New York: Springer-Verlag, 2013, pp. 6–24.

[9] E. Filtz, A. Polleres, R. Karl, and, and B. Haslhofer, "Evolution of the bitcoin address graph," in *Data Science – Analytics and Applications*, P. Haber, T. Lampoltshammer, and M. Mayr, Eds. Wiesbaden: Springer Fachmedien Wiesbaden, 2017, pp. 77–82.

关于作者

Friedhelm Victor 柏林工业大学"以服务为中心的网络小组"博士生。研究兴趣包括分布式分类账技术、数据挖掘和网络分析。在柏林工业大学和韩国科学技术高等研究院获得计算机科学硕士学位。联系方式：friedhelm.victor@tu-berlin.de。

Peter Ruppel CODE应用科学大学的软件工程教授。研究兴趣包括分布式分类账技术、分布式系统和网络分析。在路德维希-马克西米利安-慕尼黑大学获得计算机科学博士学位。联系方式：peter.ruppel@code.berlin。

Axel Küpper 柏林工业大学"以服务为中心的网络小组"和Telekom创新实验室教授。研究兴趣包括去中心化系统及应用、移动计算、云计算、隐私和未来网络技术。在亚琛工业大学获得博士学位。联系方式：axel.kuepper@tu-berlin.de。

[10]F. Victor and B. K. Lüders, "Measuring Ethereum-based erc20 token networks," in *Proc. Int. Conf. Financial Cryptography Data Security*, 2019, pp. 113–129. doi: 10.1007/978-3-030-32101-7_8.

[11]F. Victor, "Address clustering heuristics for Ethereum," in *Proc. Int. Conf. Financial Cryptography Data Security*, 2020, pp. 617–633. doi: 10.1007/978-3-030-51280-4_33.

[12]M. Fröwis and R. Böhme, "In code we trust?" in *Data Privacy Management, Cryptocurrencies and Blockchain Technology*, J. Garcia-Alfaro, G. Navarro-Arribas, H. Hartenstein, and J. Herrera-Joancomartí, Eds. New York: Springer-Verlag, 2017, pp. 357–372.

[13]M. Wohrer and U. Zdun, "Smart contracts: Security patterns in the Ethereum ecosystem and solidity," in *Proc. IEEE 2018 Int. Workshop Blockchain Oriented Softw. Eng. (IWBOSE)*, 2018, pp. 2–8. doi: 10.1109/IWBOSE.2018.8327565.

[14]Y. Zhou, D. Kumar, S. Bakshi, J. Mason, A. Miller, and M. Bailey, "Erays: Reverse engineering Ethereum's opaque smart contracts," in *Proc. 27th USENIX Security Symp. (USENIX Security '18)*, 2018, vol. 1, pp. 1371–1385.

[15]M. Bartoletti, S. Carta, T. Cimoli, and R. Saia, "Dissecting Ponzi schemes on Ethereum: Identification, analysis, and impact," 2017, arXiv:1703.03779.

[16]M. Bartoletti and L. Pompianu, "An empirical analysis of smart contracts: Platforms, applications, and design patterns," in *Proc. Int. Conf. Financial Cryptography Data Security*, 2017, pp. 494–509. doi: 10.1007/978-3-319-70278-0_31.

[17]F. Victor and T. Hagemann, "Cryptocurrency pump and dump schemes: Quantification and detection," in *Proc. 2019 IEEE Int. Conf. Data Mining Workshops(ICDMW)*, pp. 244–251. doi: 10.1109/ICDMW.2019.00045.

[18]I. Eyal and E. G. Sirer, "Majority is not enough: Bitcoin mining is vulnerable," in *Financial Cryptography and Data Security* (Lecture Notes in Computer Science), vol. 8437, N. Christin and R. Safavi-Naini, Eds. New York: Springer-Verlag, 2014, pp. 436–454.

[19]M. del Castillo, "Blockchain 50." Forbes. https://www.forbes.com/sites/michaeldelcastillo/2020/02/19/blockchain-50/?sh=7a50bdb87553

（本文内容来自 Computer, Technology Predictions, Feb. 2021） **Computer**

隐私法规、智能道路、区块链和责任保险：让技术发挥作用

文 | Lelio Campanile，Mauro Iacono　坎帕尼亚路易吉万维泰利大学
Alexander H. Levis　乔治梅森大学
Fiammetta Marulli，Michele Mastroianni　坎帕尼亚路易吉万维泰利大学
译 | 涂宇鹄

智能道路能够提供广泛可用的交通信息，以帮助提高交通安全性。但不幸的是，收集这些数据可能会威胁人们的隐私。本文描述了一种利用区块链和车联网技术的智能道路架构，并将证明这种智能道路符合《通用数据保护条例》的隐私要求。

智慧城市中的智能道路提供了丰富的数据，可用于跟踪交通事件、描述城市道路的情况。这些车辆行为数据能够帮助城市管理者、维护人员和警察持续掌握不断更新的交通网络状态。但这些信息也可能被滥用，以监控个别汽车或卡车的行为。通过明确监控每辆私家车（汽车）得到交通数据，有利于提高交通安全性。车辆本身基于车联网 (IoV) 技术发布的信息与智能道路进行交互，进一步丰富了交通数据。一个相关的用途是解决法律纠纷：通过智能道路对交通事件的可信记录，可以立即确定事件的真相，避免昂贵的诉讼。

不幸的是，向第三方提供如此大量的数据可能会危及司机的隐私，并使车辆驾驶员面临公司的威胁和强制分析。这可以通过发展普及区块链 (BC) 技术来避免。区块链技术能够在利益相关主体（车主、保险公司、政府和汽车制造商）之间建立协作系统，保证数据仅能被有授权的主体（例如政府）访问，避免隐私风险，保证每个主体之间的信任。本文以意大利法规[1]为参考，提出了一种可能的实现架构，并将证明该设计符合欧盟的强制性法规《通用数据保护条例》(GDPR)[2]。

智能道路、区块链和车联网

英国标准协会将智慧城市定义为"人造环境中物理、数字和人类系统的有效整合，为其公民提供可持续、繁华、包容的未来。"[3]智能技术主要通过信息和通信解决方案实施，既有城市控制中心、智能电网、自动驾驶汽车等昂贵系统，也有成本低得多的解决方案，比如智能手机应用程序和廉价的环境传感器。智能道路是智慧城市基础设施的重要组成部分，它让车

辆能够相互通信。车联网（IoV）是物联网 (IoT) 技术的一种。车联网中，所有传感器和整个系统的设计都用于车辆与其他事物的通信，换言之，车联网是物联网在智能交通系统中的延伸应用（图1）。

智能道路

在实现智慧城市的进程中，人员和货物运输的基础设施发挥着主要作用。在过去的几年里，许多国家的政府一直在计划铺设配有各种技术的实验性道路。这些道路通常称为智能道路，在智能道路上进行实验将有助于制定标准和技术规范。智能道路这个术语，又称智能高速公路，指代那些可用于改善自动驾驶、联网车辆运行、监控道路状况（道路的状态、交通水平以及汽车和卡车的速度）、管理交通灯、提供照明（通过使用太阳能电池板和由车辆运动提供动力的压

电发电机进行能量收集）的不同方法。智能道路提供的主要服务包括：

（1）网络连接服务、光纤和 Wi-Fi 热点（以及 5G 网络，如果有的话），以实现传感器、车辆和用户的网络互连。

（2）道路交通监控工具，例如物联网设备，可生成有关道路状况、天气、车辆交通、重型车辆运输等的相关数据。

（3）道路安全检查工具，以实现对结构、环境通道和高架桥的监测。

（4）智能视频监控，可检测危险情况，例如道路上的碎片、烟雾、行人的存在、维修区域。

（5）车辆出入管理，可根据交通状况锁定/打开高速公路入口。

（6）智能隧道管理（智能隧道）以监控安全状况。

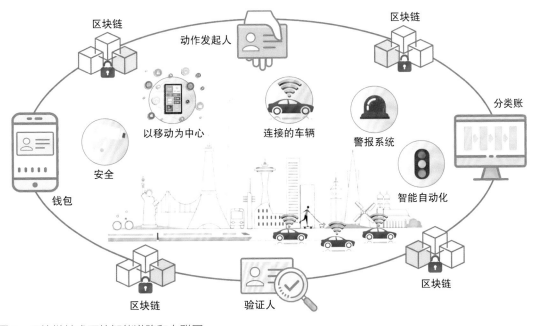

图1 区块链技术下的智能道路和车联网

（7）无人机，观察道路状况并协助救援（如将应急设备送到有需求的地方）。

车联网

智能道路的构想是为了让车辆联网，即给汽车和卡车配备网络功能，以及各种传感器和计算系统。这通常被称为车联网，是一种物联网系统。车联网主要适用于：

（1）避免碰撞，使用传感器检测即将发生的碰撞并向驾驶员提供警告。

（2）交通管制。

（3）处理汽车碰撞，向应急部门发送有关事故的实时数据，包括车辆位置。

（4）信息娱乐。

车联网使信息生态系统成为可能（图2）。

典型的车联网架构由三层[4,5]组成，包括以下内容：

（1）感知层：包含收集环境数据和检测特定关

图2　车联网生态系统

注事件（例如驾驶模式、车辆情况、环境条件等）的所有传感器。它还具有无线电频率识别、卫星定位感知、道路环境观测、车辆位置监测、汽车和物体检测等功能。

（2）网络层：确保与通信网络的连接，例如全球通（GSM）、5G、微波接入全球互操作性（WiMax）、无线局域网、Wi-Fi和蓝牙。支持车对车、车对基础设施、车对行人、车对云端、车对传感器等多种无线通信方式。

（3）应用层：包含用于数据存储和分析的应用程序，包括对不同风险情况（如交通拥堵和恶劣天气）的统计、处理和决策。应用层还包括支持这些应用程序的基础设施。

区块链

区块链技术以其数据不变性的特性而闻名[6]。实际上，区块链由运行在点对点网络上的开放式分布式账本组成，该账本能够以可验证、可追溯的方式有效管理多个主体的交易，无需中间人的干预。区块链由一系列使用密码学连接的记录交易的区块组成。每个区块包含一个时间戳，由前一个区块的加密哈希值表示，其中交易数据采用默尔克树结构。区块链的防篡改性源于这样一个事实，即一旦达成共识并提交一个区块，这个区块中的数据就不能被追溯更改了，除非在得到大多数人的批准后更改所有后续的区块。

由于第一个数字货币系统——比特币的使用，区块链开始流行。比特币系统能够在不受可信机构干扰的情况下检测双花问题。许多其他的区块链平台（Ethereum、Hyperledger Fabric、Ripple、Litecoin等）以及许多金融领域之外的应用程序都受到了比特币的启发。区块链已成为近年来最热门、最有前途的技术之一。此外，区块链既可以遵循集中式架构，又可以遵循分散式架构，但可扩展性的基本问题使其在商业和工业中一直以贝塔和阿尔法模式运行。

安全和性能问题源于"可扩展性的三难困境"。区块链系统试图在不损害其中任何一个的情况下同时提供可扩展性、去中心性和安全性。去中心性是实现抵抗审查和免许可功能的核心属性。可扩展性是在规模无限扩张的网络上处理事务的能力。安全性是保证分类账的不变性、抵抗一般网络攻击的重要组成部分。不幸的是，人们普遍认为，基本上，区块链在任何时候都只能同时保证三个特征中的两个。一般来说，公共区块链平台的设计重点是去中心性和安全性，这无疑会导致可扩展性的降低和极低的交易率。由于区块链技术刚刚新兴，因此有许多仍在开发中或刚刚在市场上出现的解决方案，试图解决可扩展性问题。不同区块链架构在去中心性、可扩展性和安全性之间进行了不同的三向权衡。

至于物联网应用[7]，区块链技术有可能解决物联网网络中的数据安全问题。尽管可以提供数据安全性，区块链还面临着物联网固有的一些关键挑战，例如数量过多的设备、非同质的网络结构、有限的算力、低通信带宽和易出错的无线电连接。

分享就是关怀？

毫无疑问，提供智能道路数据有助于实践，而且会起到威慑作用。在实践中，使用智能道路可以让城市街道更加安全：可以利用真实的道路使用数据来优化交通分配设计；提前检测可能的危险情况并启动对策，例如通过可变的道路标志提醒警察、发出警告；采取主动措施，例如根据趋势和预测来动态指挥交通；事故发生后立即向相关部门和保险代表证实警报

的内容。而作为一种威慑，人们普遍认为，对车辆进行追踪会促使更安全、更规律的驾驶行为以及对监管的持续尊重。车联网与智能道路的主动对话使更多成为可能：车载导航和自动驾驶系统可以通过低距离通信技术不断沟通邻近信息和意图，并获取有关即将到来的障碍物的详细信息，包括下一个路口可能过马路的人；而政府部门可能会通过与车载计算机的对话来监控每辆进入智能道路的车辆的健康状态和法规法律遵守状况。

不幸的是，这种情况存在一个难以忍受的缺点：这种无孔不入的控制会彻底破坏司机的隐私。记录信息并将其提供给第三方意味着有人可能追踪车辆以及车主的全部动向。从这些数据中，可以推断出车主的生活习惯（驾驶方式、目的地和假期）、社会关系（人、俱乐部和爱好）和弱点（睡觉的地方、工作场所以及亲戚和朋友的家）。例如，保险公司可能有权访问其客户的汽车数据。然而，如果保险公司汇总所有客户的数据，或者几家保险公司通过交换协议汇总所有公司客户的数据，那将创造由智能道路实现的奥威尔式极权。往小了说是车联网，往大了说，智慧城市也有风险。智慧城市的潜在风险甚至更高。因为智慧城市中，由于数据保护不足和由不忠诚的员工、恶意的外部行为者以及针对警察、法官、政治家和大亨的有组织犯罪成员造成的安全漏洞可能会放大风险。

启动隐私保护：以《通用数据保护条例》为例

因此，保护隐私权的需要是许多国家出台相应法规的原因。例如，《通用数据保护条例》规定，隐私条例不仅仅适用于欧盟控制或处理下的活动中的个人数据处理，还适用于欧盟内每个主体的个人数据处理，哪怕他所参与的活动不由欧盟内的组织进行控

制。隐私条例还适用于发生在欧盟中的所有与供应商品和服务有关的活动，以及所有被监控的行为。因此，不仅欧洲公司必须遵守，那些开发供欧盟公民使用的软件和服务的非欧洲公司也必须遵守《通用数据保护条例》。必须授予用户更重要的权利（如《通用数据保护条例》第 15 条所述），包括访问有关自己的数据、更正有关自己的信息和删除有关自己的信息的权利（又称"被遗忘权"）。此外，第 25 条规定，数据控制者（即提供相关服务的公司和机构）必须执行以下操作：

（1）采取适当的技术和组织措施，以有效方式实施数据保护原则，并将必要的保护措施整合到处理过程中，以满足法规要求，保护数据主体的权利。（隐私设计）

（2）采取适当的技术和组织措施，以确保默认情况下仅使用达成某个特定目的所必需的个人数据。更详细地说，此类措施必须在设计上确保无法在不被本人允许的情况下访问他的个人数据。（隐私默认）

最后但同样重要的，《通用数据保护条例》第 22 条规定，"数据主体有权反对此类决策：完全依靠自动化处理（包括用户画像）对数据主体做出的具有法律影响或类似严重影响的决策"。第 35 条规定，"数据控制者必须在操作之前，对预期操作对个人数据保护的影响进行评估"。该评估被称为数据保护影响评估，是对用户画像、大规模数据处理和对公共可访问区域的系统监控等服务的强制性要求。

让投资者成为利益相关者参与进来

隐私保护和信息的安全使用需要取得平衡，以最大限度地提高公共利益，并允许具有合法利益的公司从技术中实际受益并对所需的设备进行投资。这样，

这些公司可以分担整体系统成本，并有望为基础设施的部署和维护做出贡献。让私人投资者参与进来对于促进这种发展模式的应用至关重要，因为投资者可以推动服务的供应，进而推动支持方案的应用及其在大范围内的传播。

一般而言，在规划重大创新和投资以促进新愿景时，最好从最开始就确定可能促进此类合作的领域。给定领域，用可识别的案例帮助理解那些可能合法使用信息的案例，然后反过来定义可能涉及的利益相关者。这些利益相关者当中可能有潜在投资者。虽然现下盛行的创新目标限制了可选领域，但管理部门仍有很多选择空间。发展以更高交通安全等级为目标的智能道路，提供了让保险公司和汽车制造商参与的重要机会。他们绝对是该领域的重要利益相关者，当然，国家要最终对此负责。

保险公司愿意参与合规案例是因为他们需要无可置疑的责任证明。虽然保险的功能是补偿风险和承担后续费用，但诉讼是一项额外费用，对保险公司来说是一种沉重的负担。由于缺乏对事件的了解导致的不确定情况可能会引起诉讼。对于由此引起的鲁莽诉讼，适当使用智能道路和车联网数据，虽然不能完全避免，但可能会减少这种行为。尽管表面上信息披露是必须的，但想得更深一层，其实不需要实际访问信息，数据的存在本身就足以阻止不必要的诉讼。事实上，这意味着每家公司都应该拥有所有信息的副本，以便能够反驳他人的指控、使用数据来验证可能的责任并立即提供赔偿。

隐私问题要求数据所有权不等于完全、即时的使用权。当然，一个微妙的替代方案是由政府持有和维护一个公共注册表来存储所有信息并仅在发生诉讼时提供数据。但这将需要先开始诉讼，这会不必要地

浪费司法系统资源。它还会让政府负担沉重的责任来存储、维护、防止意外丢失、复制以及收集和交付数据，从而导致巨大的成本。这种责任的集中化会使数据库作为整体架构中的单点漏洞暴露于安全攻击中。这是可以避免的。

允许每个公司保留自己的数据库，但同时必须受到限制，以防止未经授权的访问。一种可能的解决方案是使用基于非对称密钥的密码学来防止未经授权的访问。这种机制需要政府来清除密钥的使用。但是，如果每个公司都持有不同的注册表副本，每个版本都包含不同的数据，那么公司之间会产生信任问题。如果要求政府来证明真相，那么每家公司都将不得不负担在前一个方案中政府所要负担的成本。区块链可以提供一种工具来帮助找到可行的解决方案。

扩大利益相关者的范围可能有助于集纳更多投资，因此必须研究数据的其他合法用途以发现新的利益点。车联网支持智能道路和汽车之间的复杂交互，因此可以使用它在每次行驶期间定期传送有关车载状态参数的信息，包括维修操作记录和诊断数据。这有助于对事件的实际过程进行持续监控，并与智能道路提供的数据进行交叉验证。汽车制造商可以将其用于质量保证项目、事故预防、故障主动诊断、出现问题时的召回，还可以把它当作最大的售后服务实验室。当然，这个过程所涉及的数据的性质与之前案例中所需要的不同。保险公司需要汽车（以及车主或司机）的身份，但汽车制造商需要的是有关车辆型号、配置和维护记录的详细信息。每辆车都可以通过一个独立于真实身份的虚构参考项来得到识别，以便能够与其车载计算机进行通信。

分享是值得的

使用基于区块链技术的注册表解决方案具有许多优势。构建结构方面，区块链是分布式的，它需要许多参与者有意义地建设和运行。由于采用这种结构，一方存储的信息随后会传播给另一方，从而产生复制，使每一方无需为了从内部提高数据可用性和容错能力而生成和维护数据库的多个副本。这可以节省资源、降低成本、降低参与者数据管理的复杂性。在许多合作者之间共享注册表间接地提供了一个好处：避免数据丢失。因为每个信息区块都有许多可用的副本，一旦丢失，每个参与者都可以从其余的区块中重建一个副本，并且可以自动访问。

同时，区块链是可信的，因此所有参与者可以持有数据的副本，如果想要修改存储在区块链中的信息的任何部分，这种修改的尝试都会立即传达给其他参与者，因为这意味着要进行新的区块链操作。对区块链的恶意修改和错误会立即显现出来。由于有机会在出现问题时对其进行验证，参与者无法生成人工节点。因此，即使参与者不能直接访问存储的数据，区块链也可以确保威慑力，因为无论在语义上是否可理解，都可以逐位比较加密信息。

此外，与集中式注册表相比，使用基于区块链的注册表提高了架构的安全性；实际情况下，多个可信赖的参与者协同运作，让攻击者找不到单一的攻击目标。想要成功攻击，攻击者必须从各个方面和功能上冒充或替换区块链参与者，而且需要能够接管整个区块链，即所有或至少一半以上的参与者同时迫使其他人保持一致。最后，区块链可以有不同数量的参与者。因此，新的参与者可以加入，且不会威胁到架构的完整性。这使正常的市场业务流动成为可能。而且原则上，它可以促进更多纯粹的区块链服务供应商参与进来。这些参与者对参与架构没有直接兴趣，但可能希望提供支持或未来服务。

当然，所有基于区块链技术的注册表都有共同的缺点。首先，虽然架构的组织是完全可扩展的，但众所周知，区块链存在可扩展性问题。这可以通过适当的技术进步和组织变通方法来解决。然而，这是一个必须考虑的问题，因为智能道路的既定用途意味着它将产生巨大的潜在信息量，且生成交易的频率可能非常高。另一个需要考虑的相关缺点是运行区块链的成本。虽然责任是共同分担的，但在设计上，区块链要求许多节点承担极有挑战的计算工作量，以赢得注册每笔交易的权利。因此，要考虑算力和能源方面存在的巨大浪费，并通过这种方法产生的节约，以及通过中和控制风险产生的小额赔偿费用来加以补偿。最后，作为实施新的和先进的服务的费用，创造额外的收入和更好的利润率。

让技术发挥作用：一个场景

举个例子，在这方面我们认为意大利提供了一个很清晰的一般框架。意大利有一个国家登记机构叫做公共汽车登记处（PRA），负责管理流通车辆。目前，登记处的职能就像一个官方仓库，存储着所有与车辆及其车主有关信息，法律授权内容，定期检查结果等相关数据。PRA由一个机构运营，该机构也被视为管理基于区块链注册机构的合适"候选人"。

角色和主体

在公共道路网络上行驶的每一辆车都必须投保责任保险。因此，责任保险市场成为众多竞争者的战场，而这些竞争者也都是区块链的潜在参与者。客户们觉得责任保险价格高昂，但市场又相对比较稳

定，基本上分为传统细分市场和在线公司。人们普遍认为，许多投保案例都是虚构的，就是为了让保险始终保持高价。因此保险公司可能会有兴趣投资建筑，但除了测试装置外，目前还没有任何可以运行的智能道路。通过国家贸易自治州（Azienda Nazionale Autonoma delle Strade）、区域和城市，以及经营收费高速公路的私人特许经营者，公路系统由不同的州共同负责。其中，私人经营者是可能的候选人，因此也是潜在的投资者。他们需要基础设施来向PRA传递信息，并出售其他基于数据的服务，如为汽车制造商收集诊断数据。

除了这些实体之外，还有一组备选投资者是黑匣子服务供应商：安装和管理车载计算机的公司，这些计算机可以实现车联网交互和车辆监控。此外，大型车队和汽车租赁企业的管理人员可能也希望合法地监控驾驶员和客户对其车辆的使用情况，并利用数据更好地调整其经营策略和优惠手段。最后，在与制造商和独立服务站的合作中，汽车修理厂可能会发现有必要对每辆车的所有维护进行登记。小规模企业则需要由专业供应商提供第三方区块链服务。图3显示了这些示例场景的参与者。

除了通过在体系中扮演控制和保证的角色以赋予区块链法律价值外，PRA还为司法系统和警察部队提供了访问信息的门户。例如，警察部队作为该架构的用户，能够进行在线和离线控制、开展调查、收集证据并执行追捕。车辆制造商可以将区块链数据集成到其供应链中，除了供应区块链基础设施之外，还可以在不同层级上充当体系结构的用户。作为车辆的所有者和使用者，个人也可以从该架构中获益。例如，借助黑匣子服务获得服务站(汽车维修厂)每次维护操作的记录以及旅行中潜在危险情况的警告，也可以体验

法官　警察

供应链

车辆制造商

公共注册表

区块链服务
供应商

Vehicular
Security
BC

保险公司

智能道路经销商

加油站

黑匣子服务商　车队经理

用户　车辆

租车顾客

公司用户

图3　应用场景举例

驾驶辅助和自动驾驶技术。

各得其所

对于法院工作人员来说，区块链具有双重身份。在诉讼过程中，工作人员会使用区块链访问数据；而当其他访问者没有合法权限时，区块链就会采取行动保护信息。事实上，访问者必须永久拥有数据的副本，但他们并不需要访问所有信息，如果没有特殊情况，他们也不需要检索。例如，如果没有事故发生，保险公司就不能跟踪客户的行为；而对于客户明确提出的额外服务，他们可能需要有关驾驶习惯的信息（如从一个地点到另一个地点的通勤或是货物运输）、行驶的公里数，以及车辆在特定地点逗留的时间。这些信息只能够在提供服务时谨慎地公布。

同样，汽车制造商可能有权获取其生产的每一辆汽车的所有参数，但他们不需要知道车辆所有者的身份，以及其所在位置和行驶路线。如果所有参与者都能够作为区块链供应商访问所有数据，并且能将自己的数据与另一个副本进行比较，那么可以适当地运用非对称加密。由于参与者的类别很多，加密必须在不同的级别（多级安全性）应用许多密钥对。该案例发生在意大利，因此可以使用合法有效的数字签名标准。

好戏登场

假设发生一起严重的车祸，造成了人身伤害，根据意大利法律，责任必须由法官判定。如果不借助技术手段，那么正常的司法程序是由法官强制提出审判决议，要求专家对事故地区进行检查。两家保险公司的律师都必须参与事故处理，他们会自己请专家做同样的事情，并寻找事故发生时在场的证人；当然，律师们会想尽一切办法来证明他们自己没有过错，并赢得判决。由于缺乏关于事件的信息，律师很容易构建起最有利的防御，他们能够冒着风险制造、甚至是歪曲事实和目击者的证词来支持自己的立场、拖延审判的时间并提高成本，以得到无罪的结果。

在我们的应用场景中，一旦法官接到警方的事故通知，两家保险公司都会持有与事件相关的所有数据的有效副本，因为车载黑匣子和智能道路管理系统会定期生成适当的匿名信息，在对日常活动中非必要的信息进行适当加密后将其存储在区块链中。法官可以通过PRA提供的服务，识别区块链中包含的与此次事件相关的数据，并向保险公司传达要使用的区块链块列表。保险公司将通过比对数据块来验证副本，这些数据块依旧是加密和匿名的，同时确认法官所选择列表的有效性和合理性。

基于此协议，法官可以使用私钥来解密所需的信息，且无需向律师提供区块链中可能存在的任何无关的、敏感的材料或者未涉及的第三方信息，从而避免数据泄漏。这样，法官就可以得到关于事故的实际数据，不用请专家进行后验观察，系统地减少了审判的不确定性，缩短了审判时间。这一程序还可能使两家保险公司在初步阶段就达成庭外和解而不用进行庭审，这意味着不再需要证人，也避免了程序滥用。

符合《通用数据保护条例》

从表面上看，区块链架构对于构建兼容《通用数据保护条例》（GDPR）的架构不太有用。区块链的一些"传统"关键功能似乎与GDPR需求相冲突，即数据行只能添加到一个数字分类账中，且任何一行都不能删除或修改。但另一方面，与基于云计算的解决方案相比，基于区块链的解决方案能够使安全性能不断增强：没有单点故障，容错能力提高，这会使数据窃听非常困难（攻击必须在至少51%的服务器上成功执行才有效）。因此，如果牢记住以下几项条例，基于区块链的解决方案可以在符合GDPR的环境中使用。

首先是《通用数据保护条例》的第5条，该条规定"必须以与信息主题相关的合法、公平、透明的方式处理个人数据"。这意味着持有个人数据的所有参与者（节点）必须为用户所知，并被定义为联合控制者（第24条和第26条）。出于这些原因，区块链模型必须是私有的、被许可的。我们还必须记住第16条和第17条中声明的关于修改和删除的权利。用户有权要

求更正数据，也可以要求删除其信息。如果个人数据不再需要被用于收集或处理，则必须删除这些资料，即使用户并没有提出要求。一种有效的删除数据的技术是加密所有与用户个人信息相关的块并删除密钥，通过添加一个含有更新信息的区块，用户可以很容易地修改数据。

表1总结了与区块链架构相关的主要条例。我们确定了基于私人的和被许可的区块链的合适解决方案，并采用了区块链3.0模型，其中包含了工作量证明机制，该机制面向节约计算资源以及实现参与者之间区块的公平分配。通过设计，对信息源进行加密。车辆将区块链操作委托给供应商也避免了对车载高性能计算设备的需求，同时车载事件时间戳缓解了连接问题。

随着广泛应用物联网的智慧城市技术的实施，如何平衡在收集大量数据时相互冲突的目标并保护公众隐私，将成为一个有争议的问题。本文描述的基于区块链技术的架构能够解决许多问题，但挑战仍然存在。文中所描述的方法适用于智慧城市的多个部门，因为它提供了去中心性、增强的安全性、更好的可追溯性、透明性和防算改性。但由于该技术完全分布式的特点，用执行效率换取安全性，因此对区块链的性能有很大的要求。尽管基于区块链技术的智慧城市架构显示出巨大的未来潜力，但必须考虑和解决一些性能和安全问题。

表1 通用数据保护条例的限制		
《通用数据保护条例》条文	议题	限制
第5、24、26条	数据控制者应确保合法、公平和透明	区块链必须是私有的/被许可的；所有合作者都是联合控制者
第16条	数据更正权	允许数据修改（例如添加一个含有更新信息的区块）
第17条	主体的被遗忘权	允许数据清除（例如加密区块、删除密钥）
第25条	隐私设计和隐私默认	必须确保任何合作者都无法查看其无权访问的个人数据

关于作者

Lelio Campanile 坎帕尼亚路易吉万维泰利大学数学与物理系博士生，在该校担任过技术员、网络管理员，是许多本地和区域项目的专家，并且是数据和计算机科学小组的成员。在古列尔莫马可尼大学获得计算机工程专业理学硕士学位。电气电子工程师学会（IEEE）的学生会员。联系方式：lelio.campanile@unicampania.it。

Mauro Iacono 坎帕尼亚路易吉万维泰利大学数学与物理系计算机系统副教授，领导本系数据和计算机科学小组的计算机科学部分。在那不勒斯第二大学获得电气工程专业博士学位。电气电子工程师学会（IEEE）会士。联系方式：mauro.iacono@unicampania.it。

Alexander H. Levis 乔治梅森大学沃尔格瑙（Volgenau）工程学院电气、计算机和系统工程系的名誉教授。在麻省理工学院获得理学博士学位，专业领域是控制系统。电气电子工程师学会（IEEE）终身会士、电气电子工程师学会（IEEE）控制系统学会前主席、美国科学促进会和系统工程内部委员会会士，以及美国航空航天学会副会士。联系方式：alevis@gmu.edu。

Fiammetta Marulli 坎帕尼亚路易吉万维泰利大学数学与物理系计算机系统助理教授，本系数据和计算机科学小组成员，在那不勒斯费德里克二世大学获得计算机和自动化工程专业博士学位。联系方式：fiammetta.marulli@unicampania.it。

Michele Mastroianni 坎帕尼亚路易吉万维泰利大学的数据保护官，在该校教授计算机科学，同时还是数学与物理系的研究助理。获得管理工程专业博士学位。许多地方、区域和国家技术和研究项目的项目负责人和专家。电气电子工程师学会（IEEE）会士。联系方式：michele.mastroianni@unicampania.it。

致谢

本项目得到了路易吉万维泰利大学的内部竞争性资助计划"万维泰利研究"（Vanvitelli per la Ricerca）的部分资助，本研究活动属于 Attrazione e Mobilità dei Ricerche 项目，该项目是意大利国家运营计划的一部分（项目编号 AIM1878214-2）。**C**

参考文献

[1] Gazzetta Ufficiale della Repubblica Italiana, "D. Lgs. n. 295/92, Codice della Strada," 1992. [Online]. Available: http://www.aci.it/i-servizi/normative/codice-della-strada.html

[2] European Union, "Regulation (EU) 2016/679 on the protection of natural persons with regard to the processing of personal data and on the free movement of such data, and repealing Directive 95/46/EC (General Data Protection Regulation)," *Official J. European Union*, L 119/1, Apr. 27, 2016. [Online]. Available: ttps://eur-lex.europa.eu/legal-content/EN/TXT/HTML/?uri=CELEX:32016R0679&from=IT

[3] *Smart City Framework: Guide to Establishing Strategies for Smart Cities and Communities*, BSI Standard PAS 181:2014.

[4] K. Golestan, R. Soua, F. Karray, and M. S. Kamel, "Situation awareness within the context of connected cars: A comprehensive review and recent trends," *Inform. Fusion*, vol. 29, pp. 68–83, May 2016. doi: 10.1016/j.inffus.2015.08.001. [Online]. Available: http://www.sciencedirect.com/science/article/pii/S1566253515000743

[5] J. Contreras-Castillo, S. Zeadally, and J. A. Guerrero-Ibañez, "Internet of vehicles: Architecture, protocols, and security," *IEEE Internet Things J.*, vol. 5, no. 5, pp. 3701–3709, 2018. doi: 10.1109/JIOT.2017.2690902.

[6] X. Zheng, Y. Zhu, and X. Si, "A survey on challenges and progresses in blockchain technologies: A performance and security perspective," *Appl. Sci.*, vol. 9, no. 22, p. 4731, 2019. doi: 10.3390/app9224731.

[7] X. Wang et al., "Survey on blockchain for Internet of Things," *Comput. Commun.*, vol. 136, pp. 10–29, Feb. 2019. doi: 10.1016/j.comcom.2019.01.006.

（本文内容来自 IEEE Security & Privacy, Jan./Feb. 2021） **SECURITY PRIVACY**

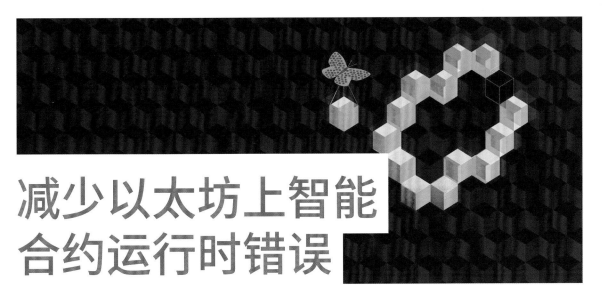

减少以太坊上智能合约运行时错误

文 | Siwapol Jumnongsaksub　朱拉隆功大学
　　Kunwadee Sripanidkulchai　朱拉隆功大学
译 | 闫昊

通过编写智能合约，区块链上能够实现各种应用程序，不过运行时错误而导致交易失败，造成了计算、存储和费用的浪费。在本文中，我们提出了一种减少以太坊上运行时错误的新方法。

区块链正在颠覆许多领域的计算平台。区块链平台的核心是实现一个不可变的分布式账本，表现为将内容传播到对等网络中的所有节点，并将其视为全局状态。这种简单而强大的抽象行为适用于许多应用程序，它们有时需要在不可信环境中保持透明，如金融、产品溯源性和电子投票。

以太坊是第二大基于公共区块链的分布式计算平台[1,2]。除了在称为以太(Ethers)的元素中传输加密货币之外，以太坊还提供了一个独特的平台来运行智能合约[3,4]，该平台在以太坊虚拟机(Ethereum Virtual Machine，EVM)上运行。

虽然智能合约已经广泛部署在以太坊平台上，但并非所有合约交易都能成功。我们发现有4.9%的失败交易是由于运行时错误而被EVM抛出的。这些失败的交易不会改变全局状态，但是会对计算造成浪费。此外，鉴于区块链的不变性，所有处理过的交易，包括失败的交易，都永久存储在区块中，这对存储是一种浪费。最后，根据每天的汇率，执行这些错误需要支付约2800万美元的交易费用和1210亿美元的相应区块奖励。

区块链的不变性给软件工程带来了新的挑战。与其他环境相比，智能合约软件工程师必须在部署之前对代码的设计、编写和测试有更多的认识。一旦部署，合约代码就不能再更新，任何错误——即使是很小的错误——都会对整个平台产生持久的影响，而不仅仅是针对当下的合约和相关的账号。

我们的工作在尝试量化运行错误方面是史无前例的，并且研究如何在以太坊中避免它们。我们发现，有些错误是不可避免的，因为在执行之前可能还不知道所需的逻辑和网络状态，但其他许多错误是可以规避的，因为它们是由人为错误造成的，比如代码有问题的合约和资金不足的交易。

我们做出了以下贡献：

（1）我们统计了公共以太坊网络上智能合约运行时错误的数量。

（2）我们设计了一种名为 Evitar 的算法来动态分析挖矿的交易，以便在提交交易之前警告用户注意潜在的错误。

（3）我们使用公开的以太坊交易来评估 Evitar，可以发现运行时错误减少了 79%，总消耗量减少了 73%。Evitar 有助于节省计算、存储和费用，从而增加整体以太坊的吞吐量，因为分配给失败交易的平台资源更少。

> **Evitar 有助于节省计算、存储和费用，从而增加整体以太坊的吞吐量，因为分配给失败交易的平台资源更少**

以太坊

接下来，我们将概述 EVM 平台和智能合约。

EVM

EVM 是一个准图灵完备机，它能够执行智能合约和进行错误处理以避免机器故障。它的实现方式为一个虚拟堆栈机，并且带有一个预定义的指令集，称为指令[5]。当用户交易触发智能合约时，EVM 将使用用户提供的手续费（gas）作为费用，通过输入和智能合约状态执行合约。手续费作为 EVM 执行工作量的上限，用于防止合同的无休止执行。

智能合约

以太坊智能合约用高级语言编写，并且编译进 EVM 字节码。当创建智能合约时，其字节码存储在其合约账户中，为交易做好准备。它永远无法更新，但可以使用自毁指令将其删除[5]。用户通过使用合约方法和输入将交易发送到合约地址来调用智能合约。

合同运行时错误

与任何软件执行环境类似，EVM 在执行期间会抛出运行时的错误。在本文的其余部分，我们将运行时错误称为错误，将遇到运行时错误的交易称为失败交易。

错误类型

EVM 定义了六种错误类型[1,6]：

（1）当 EVM 在执行完成之前消耗了所有提供的手续费时，就会抛出手续费超支(Out-of-Gas)。造成此错误的原因是用户提供的手续费不足或代码编写不当。

（2）还原状态（Revert）是拜占庭硬分叉(Hard Fork, HF)中引入的还原状态指令抛出的需求式异常[6]。合约创建者通常使用还原状态来验证智能合约输入或条件，以确保程序正确性，例如检查合约所有权、账户余额或时间。

（3）无效指令(Invalid-opcode)是由无效指令抛出的断言式异常，通常用于防止数学错误，例如除零。

通常，这个错误是不可接受的，也不应该发生，因为它应该被合约中的条件检查代码捕获。

（4）无效跳转(Invalid-Jump)是一个由还原状态取代的旧错误。但是，当EVM调用带有无效跳转目标的跳转指令时，对于已发布的较早的合约(0.4.10之前的可靠版本)仍然可能发生这种情况。

（5）当EVM向堆栈推送和弹出错误的指令时，就会发生堆栈下溢。这通常是由于在合约创建过程中出现的不正确输入格式造成的。

（6）当EVM递归的使用调用指令并超过其1024个项目的堆栈限制时，就会发生堆栈溢出[5]。

如果交易被抛出，EVM会将当前状态恢复到初始状态，并且停止执行，然后将交易标记为失败，并消耗所有提供的手续费，除了用于还原状态，剩余的手续费返回给调用者。失败的交易不会改变任何状态，与成功的交易相同的是，都会存储在区块链上。

误差分布

我们分析了自拜占庭HF以来，以太坊公共网络上最近智能合约交易状态的分布，因为它们的交易收据中包含交易状态字段。在此期间，区块从4 370 000（2017年10月）变为8 650 000（2019年9月），在总共2.016亿次调用中，有990万次（4.9%）对智能合约的调用失败。这些失败的交易浪费了大约68 682以太币（2800万美元）的交易费用，计算方法是将使用的手续费乘以每笔交易的手续费价格，并使用开采日期的每日汇率转换为美元。此外，根据存储所需的区块数量计算，为处理这些失败的交易向矿工发放了相当于总计124万个以太币（1210亿美元）的相应区块奖励。

为了识别错误类型，我们采用了交易跟踪。一个交易的跟踪可能包含许多错误，因此我们通过构建一个以错误为节点的跟踪树来识别根本的错误原因。最深节点的错误是造成交易失败的根本原因。图1显示了在研究的区块范围内调用合约的根本错误原因的分布。我们发现错误的主要原因依次是还原状态、手续费超支、无效指令和无效跳转。堆栈溢出和堆栈下溢很少发生，只有9个交易发生，本文的其余部分将省略这两个错误。

Evitar

Evitar为了避免错误使用了两个启发式方法：第一个被称为MaxGas，第二个启发式算法是一个警告算法。

最大量手续费

当交易耗尽手续费时，合约尚未完成执行。这个错误可以通过提供更多的手续费来避免，以使其达到最终结果，例如交易成功或变成其他类型的错误。我们的第一个探索方法是MaxGas，它是基于简单地使用最大量手续费发送所有交易，即区块手续费限制。

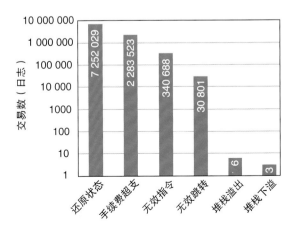

图1 智能合约的错误分布

这是一个简单的算法，理论上可以避免所有的手续费超支错误，但它可能会产生其他的负面影响，因为如果交易的结果是无效指令或无效跳转，它最终可能会为交易使用更多的手续费，因为EVM会消耗所有手续费。我们稍后会在"潜在节省"部分评估这种情况的程度。

预警算法

通过拦截可能失败的交易，可以避免所有错误。我们的第二个探索方法是一个预警法。如果算法认为交易会导致错误，就会在发送交易之前警告用户。我们通过实时分析每个调用的大小为wnd的挖矿交易窗口的合约方法，用来检测是否可能出现错误。在每个wnd已挖矿但尚未分析的交易都通过后，我们会执行分析步骤。我们会在窗口结束时计算观察到的交易错误率。

如果任一类型错误的错误率高于阈值thresh，我们会警告用户不要发送交易。否则，我们建议用户使用MaxGas发送交易。这种预警算法可以减少失败的交易，并为所有类型的错误节省手续费。

潜在节省

我们通过使用Geth在私有网络中重放从以太坊公共网络获得的交易，并且用来估计使用Evitar后，减少失败交易的潜在节省[7]。为了创建合约，我们会模拟合约的创建者。并且要求用于重放的合约不能受到约束，因为它们在我们的私有网络中不需要创建者的私钥来重新创建合约(即不是原始用户创建的合约)，因为我们不能访问原始创建者的私钥。例如，以太坊意见征求稿(Ethereum request for comment，ERC)代币不能重放。我们数据集含有2808个非ERC代币合

约，其中有500个适用合约和260万笔关联交易，其中有51%是失败的交易。调用智能合约需要发送交易，因此我们会模拟交易发送者。

我们用以下探索方法重新播放所有260万个事务：

（1）基线：使用原始输入和我们模拟的发送方和接收方地址发送所有交易。

（2）MaxGasOnly：仅使用MaxGas方法发送所有交易，不使用Evitar的预警算法。

（3）Evitar：使用带有各种预警参数wnd和thresh的Evitar来检测何时拒绝发送交易；仅在允许使用MaxGas时发送交易：

- $Evitar_1$: wnd=50, thresh=0.9
- $Evitar_2$: wnd=50, thresh=0.5
- $Evitar_3$: wnd=50, thresh=0.25
- $Evitar_4$: wnd=25, thresh=0.5
- $Evitar_5$: wnd=10, thresh=0.5

减少错误

我们比较了图 2 中每个重放实验的交易状态分布。我们将手续费超支、无效指令和无效跳转三种错误类型归为一组，并称它们为耗尽手续费（consumed-all-gas），因为它们消耗了所有提供的手续费。在所有探索方法中，成功交易的数量大致相同，但使用Evitar时，还原状态和耗尽手续费交易的数量明显低于基线。这表明Evitar能够识别和减少容易出错的交易。与基线相比，$Evitar_5$可以阻止大约210万笔交易的执行，这占所有交易的79%，而成功率仅仅下降了4%。MaxGasOnly能够减少大约41%的耗尽手续费错误，并且促使它们转化为成功交易和还原状态手续费。虽然这似乎是一个不错的结果，但我们还必须关注手续费支出性能。

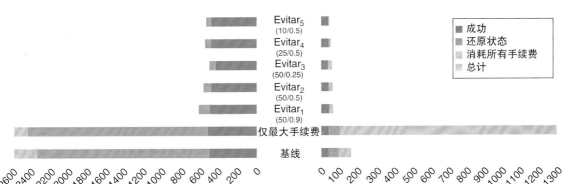

图2 用不同的探索方法重放交易的结果

左表（交易数量/×10³）：

	基线	MaxGas Only	Evitar₁	Evitar₂	Evitar₃	Evitar₄	Evitar₅
■	505.71	523.27	498.32	486.99	438.99	486.92	485.47
■	1858.28	1943.66	124.09	85.78	68.09	67.47	54.16
■	250.49	147.55	2.67	2.68	2.68	1.47	0.7
■	2614.48	2614.48	625.08	575.44	509.76	555.87	540.33

交易数量/×10³

右表（手续费消耗/×10⁹）：

	基线	MaxGas Only	Evitar₁	Evitar₂	Evitar₃	Evitar₄	Evitar₅
■	34.14	37.29	36.34	35.61	31.48	35.61	35.51
■	54.55	56.59	3.77	2.6	2.19	2.05	1.65
■	68.29	1186.51	21.16	21.21	21.41	11.65	5.59
■	156.98	1280.39	61.27	59.42	55.07	49.31	42.75

手续费消耗/×10⁹

手续费消耗性能

尽管Evitar有着阻拦发送交易的功能，但当它决定发送交易时，它会一同使用MaxGas。在本节中，我们将评估，这一方式是否因此最终消耗了比基线更多的手续费。我们比较了图2中每个探索方法的交易使用的手续费和相关交易状态。我们观察到表现最差的算法是MaxGasOnly，由于无效指令错误，它造成了额外的消耗。另一方面，Evitar消耗的手续费比基线少，因为我们能够避免这种浪费的交易。例如，$Evitar_5$的总手续费消耗量减少了73%。

Evitar的参数

为了更好地理解thresh的影响，我们将使用thresh = 0.9、0.5和0.25的结果与固定值wnd = 50($Evitar_{1,2,3}$)进行比较。阈值越低，所有的错误都会进一步减少，但代价是成功率会降低。与基线相比，我们可以看到

thresh = 0.25的成功率下降了13%，而thresh = 0.5的成功率仅下降了3.7%。thresh = 0.5在节省方面有着显著的表现，同时在高成功率之间取得平衡，这比其他的参数表现更好。

为了了解wnd的影响，我们比较了使用wnd = 50、25和10，以及固定值thresh = 0.5($Evitar_{2,4,5}$)的结果。当使用较低的wnd时，我们可以进一步减少所有错误类型，同时保持大致相同的成功率。当使用wnd = 10时，我们可以避免97.1%的还原状态错误和99.7%的耗尽手续费错误，而与基线相比，成功率仅下降了4%。同时调整这两个参数，wnd = 10和thresh = 0.5的Evitar具有最佳的性能权衡。

区块链是一种不可变的分布式账本技术，正在颠覆许多领域的计算。然而，它的不变性在面对设计好的代码和执行完的交易时，对软件工程提出了新的挑战。特别是，挖矿失败的交易与成功的交易的处理

方式没有什么不同，这浪费了计算、存储和交易费用。我们动态分析了以太坊上的失败交易，并提供了避免和减少运行时错误的机制，从而减少整体系统的浪费。我们提出了 Evitar，这是一种在调用合约之前通知用户潜在错误的算法。我们的评估显示，合约调用者可以少执行和存储79%的交易，节省73%的总手续费支出，同时成功的交易减少4%。此外，合约创建者还能够从Evitar的警告中受益，删除失败的合约，以防止未来的使用。我们的工作与之前的工作相比，有所不同，我们动态地分析运行时错误，而之前的工作对合约代码进行静态分析，以识别安全漏洞[8~10]。对于之后的工作，我们正在为合约调用者实现一个基于Evitar算法的工具。

参考文献

[1] G. Wood et al., "Ethereum: A secure decentralised generalised transaction ledger," *Ethereum Project Yellow Paper,* vol. 151, no. 2014, pp. 1–32, 2014. [Online]. Available: https://ethereum.github.io/yellowpaper/paper.pdf

[2] CoinMarketCap, "Top 100 cryptocurrencies by market capitalization," Accessed on: Jan. 15, 2020. [Online]. Available: https://coinmarketcap.com/

[3] V. Buterin et al., "A next-generation smart contract and decentralized application platform," Wh ite Paper, 2014. [Online]. Available: https://www.ethereum.org/

[4] A. Savelyev, "Contract law 2.0:Smartcontracts as the beginning of the end of classic contract law," *Inform. Commun. Technol. Law*, vol. 26, no. 2, pp. 116–134, 2017. doi: 10.1080/13600834.2017.1301036.

[5] Et hereum Virtual Machine Opcodes. Accessed on: Jan. 15, 2020. [Online]. Available: https://ethervm.io/

[6] Etherium, "Byzantium HF announcement." Accessed on: Jan. 15, 2020. [Online]. Available: https://blog.ethereum.org/2017/10/12/byzantium-hf-announcement/

[7] GitHub, "go-ethereum," Jan. 2020. [Online]. Available: https://github.com/ethereum/go-ethereum

[8] L. O. Luu, "Making smart contracts smarter," in *Proc. 2016 ACM SIGSAC Computer Comm. and Security Conf.*, pp. 254–269. doi: 10.1145/2976749.2978309

关于作者

Siwapol Jumnongsaksub　泰国朱拉隆功大学计算机工程系研究生。研究兴趣包括区块链、智能合约优化和网络。2019 年获得朱拉隆功大学计算机工程学士学位。联系方式：earthsiwapol@gmail.com。

Kunwadee Sripanidkulchai　泰国朱拉隆功大学计算机工程系教员。研究兴趣包括云计算、安全和网络。2005 年获得卡内基梅隆大学电气与计算机工程系的博士学位。联系方式：kunwadee@cp.eng.chula.ac.th。

[9] S. Tikhomirov et al., "Smartcheck: Static analysis of ethereum smart contracts," in *Proc. IEEE/ACM Int. Workshop on Emerging Trends in Software Engineering for Blockchain (WETSEB)*, 2018, pp. 9–16.

[10] N. Grech et al., "MadMax: Surviving out-of-gas conditions in Ethereum smart contracts," in *Proc. ACM on Programming Languages*, 2018, vol. 2, pp. 1–27. doi: 10.1145/3276486

（*本文内容来自 IEEE Software Vol37, No1, Sep./Oct. 2020*） **Software**

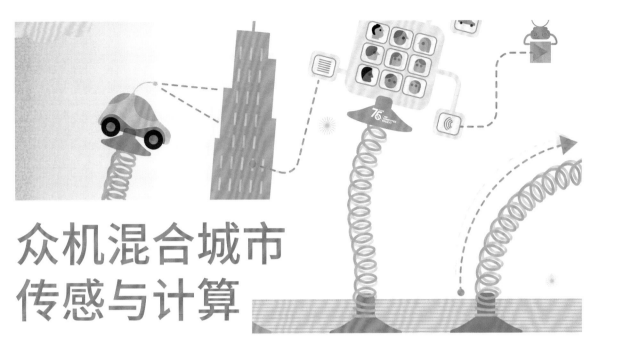

众机混合城市
传感与计算

文 | **Jiangtao Wang**　考文垂大学
　　 Leye Wang　北京大学
　　 Yanhui Song　兰卡斯特大学
译 | 闫昊

随着物联网、人工智能、云计算和边缘计算的发展，城市传感与计算 (urban sensing and computing，USC) 已成为应对现代城市挑战的充满前景的解决方案。本文研究如何结合人类、群体和机器智能的力量，进而实现更具创新性的 USC 应用程序。

近几十年来，城市生活人口数量急剧增加，而这一趋势预计将会持续增长。联合国人口基金预测，到2030年，世界上近60%的人口将生活在城市环境中[1]。而城镇化过程在为人们提供更加便捷、舒适的生活质量的同时，也带来了交通拥堵、环境污染、能源消耗和安全问题等迫切的挑战。近年来，移动和可穿戴计算、物联网（Internet of Things，IoT）、人工智能（artificial intelligence，AI）和云计算、边缘计算等技术的巨大进步使城市中的网络和现实世界实现了无缝衔接。这使得城市传感和计算(urban sensing and computing，USC)成为应对这些

挑战最具前景的解决方案之一，例如实施空气质量监测[8]，用以协助循证决策。

从智能发展的维度来看，人类、群体智能和机器智能（machine intelligence，MI）都在USC的生命周期中发挥了作用，现有的USC可以分为以下两类：

（1）基于群体的USC（crowd-USC）：众包的兴起给许多领域的创新应用提供了实现的途径，USC就是其中之一。众包和USC的结合产生了一种新的 USC 范式，称为群智感知和计算[3,19]，它使得普通公民的移动设备感知或生成的数据产生价值，并在云端进行数据聚合和融合，然后用于群体智能提取和人本位的

服务交付。

（2）基于MI的USC (MI-USC)：随着城市中可用数据的数量和来源不断增加，研究人员已经提出了大量基于机器学习或AI方法来解决智能城市中的应用挑战。具有代表性的任务有：城市信息预测（例如交通需求预测[4]）、缺失数据补全（例如没有部署传感器的地区的空气质量推断[5]）等。近年来，尽管crowd-USC和MI-USC都得到了很好的研究，但它们之间的协作和相互作用却很少被研究。人类智能和MI是天然互补的，它们之间的充分结合，可以潜在地为USC领域提供更多令人激动的应用程序和解决方案。

因此，在本文中，我们将在USC的背景下研究人类智能和MI的结合。具体来说，我们为USC提出了一个名为CMH-USC（crowd–machine hybrid - USC）的众机混合框架，该框架提供了一个整合人类智能和MI的通用架构，用以支持USC的整个生命周期。然后，通过在人口健康和环境监测领域的两个应用，演示了CMH-USC的思想如何支持现实的USC应用。最后，我们提供了一些潜在的研究机会和视角，以实现crowd-USC和MI-USC的更深层次的整合。据我们所知，这是在USC背景下提出的第一个融合了人类智能和MI的概念框架。

背景和准备工作

在本节中，我们首先从不同角度回顾基本的和相关的概念，然后在USC背景下讨论人类智能和MI的互补性。

USC

一般来说，USC可以被定义为一种新的传感和计算范式，它允许多个实体（例如静态传感器、移动传感器或普通公民）显式或隐式地提供城市数据，利用现有的网络基础设施（Wi-Fi、4G/5G等）将数据传输到云服务器或边缘设备，并整合数据用于情报、知识提取，从而在城市中实现以人为本的服务交付。就数据流而言，USC一般分为三个阶段：传感数据收集和预处理、传感数据分析和计算、结果评估和解释。

从研究主题来看，USC是两个相关研究子领域的结合。

（1）城市传感：该领域利用静态基础设施（如监控摄像头、空气质量监测站等）或以人为中心的传感器(如智能手机和人类智能)来收集城市中的多种类型和多模态传感数据(如空气质量读数和交通拥堵状态)[2]。支持城市传感的关键技术包括IoT、群智感知和无线传感网络等[18]。

（2）城市计算：在人工智能和机器学习技术的帮助下，城市计算管理和利用收集到的传感数据为城市提取更高层次的知识或情报[3]，从而促进各种推理或预测任务，例如未报告区域的空气质量预测和噪声水平推断等。

综上所述，城市传感主要集中在USC的数据收集和预处理阶段，但也涉及少量的数据分析，而城市计算研究方向更专注于分析、计算、结果评估和解释阶段。

USC中基于群体的方法与基于MI的方法

从情报开发的维度来看，USC也可以分为以下两类：

（1）crowd-USC：在日常携带的移动设备的支持下，利用人类智能完成USC任务。

（2）MI-USC：利用城市中的多源大数据和机器学习、人工智能技术，以提取城市中更高层次的情报和知识，从而为更多的应用提供方便。

1. Crowd–USC

Crowd-USC 包含了其他几个研究主题。众包一词最初是由 Jeff Howe 提出的[2]，他描述了企业如何使用互联网"将工作外包给大众"。近年来，众包的想法已经被整合到众多传统领域[7]。具体来说，众包和 USC 的结合已经促进了诸如群智感知、参与式感知和人本位感知等研究课题的发展[8,9]。同样，所有这些方法都利用大量参与者的具有繁多的传感器的移动设备及其固有的移动性来获得某一现象的聚合图像。

典型的应用可以分为以下几类：

（1）环境传感是一种旨在收集城市环境信息的应用（空气质量、噪声水平、人群密度等）。例如耳-电话（Ear-Phone）提供了一个基于参与式传感理念的城市噪声传感地图。

（2）基础设施传感应用包括具有代表性的研究，如交通拥堵检测、场所表征和停车位可用性检测。

（3）社会传感是一组试图通过群智感知来感知公民社会方面的应用。例如 SociableSense 是一个基于智能手机的平台[11]，用于感知用户之间的社会关系和互动，它为他们提供了一个衡量他们及其同事的社交能力和合作效率的定量指标。Crowd-USC 的关键技术研究挑战包括优化任务分配[7]、激励机制设计[12]和可信评估[13]。

2. MI-USC

随着多源的城市传感数据的可用性越来越高，研究人员一直在使用机器学习或基于人工智能的方法来为 USC 开发新的应用程序。MI-USC 有代表性的任务包括城市动力学建模、城市信息学预测、缺失传感数据补全、异常检测等[4,5]。与其他领域的机器学习驱动应用相比，MI-USC 有两个主要特点：首先，USC 应用的数据通常是从具有异构的数据的格式、模式、采样频率和可靠性的多个来源收集的；其次，在大多数 USC 应用中，我们需要处理和分析具有时空相关性的时空数据。因此，在 MI-USC 的应用研究方面，研究人员提出了不同的机器学习技术，使得时空和多模态城市传感数据得以进行建模和融合[6]。

图 1 总结了 Crowd-USC 和 MI-USC 范围内的相关研究课题。简而言之，我们可以看到，近年来，Crowd-USC 和 MI-USC 在研究领域获得了巨大的关注，有许多技术和调查论文。然而，很少有人研究这两个领域之间的协作和交互，这是本文的主要关注点。

图1　Crowd-USC 和 MI-USC 之间的关系

Crowd–USC 和 MI–USC 的互补性

目前最先进的研究工作或是研究群智感知、众包(AI)，或是研究数据推理(MI)，但他们没有讨论如何结合这两种优势来进一步优化城市传感任务。如表1所示，在 USC 中，人类、群体智能和 MI、AI 是自然互补的。Crowd-USC 在通过更灵活的传感和计算实体实现更高的时空覆盖方面具有显著优势。此外，人类擅长认知分析，比如推论、推理、本能判断，他们的常识和领域知识在 USC 任务中非常有用。

然而，Crowd-USC 也面临着挑战，如人类在感知方面的偏见、不确定的传感背景、高激励成本和延迟等。另一方面，凭借强大的人工智能和学习算法，MI-USC现在能够从大型城市传感数据中提取和建立模型、模式来完成USC的任务，但它在可解释性和鲁棒性方面表现不佳。总之，Crowd-USC和MI-USC的互补性促使我们在本文中研究它们的潜在协作。

表1	USC中群体和MI之间互补性的总结	
	优势	劣势
基于群体的USC	灵活、高时空覆盖，认知分析，比如推论、推理、本能判断，常识和领域知识……	人类感知偏差，不确定传感背景，激励支付成本，高任务完成延迟……
基于MI的USC	从大规模数据中发现隐藏知识或模式的能力	可靠性、鲁棒性和可解释性

众机混合USC:通用框架

在执行USC的任务时，一个主要的基本研究问题是如何在确保传感数据的可靠性的同时尽量降低传感数据的成本。在本文中，我们为众机混合USC（crowd–machine hybrid USC）提出了一个通用框架，即CMH-USC，我们试图利用学习和人工智能技术来提取多种类型的数据相关性，从而以显著降低群体参与者收集数据的总成本。大致的思路和直观想法可以总结为以下步骤（参见图2）：我们只选择几个区域[称为人类感知区域[human-sensed areas，HSAs)]来招募众包感知参与者，通过他们的移动设备收集数据；对于其余的未感知区域[称为AI推断区域（AI-inferred areas，AIA)]，我们使用从HSA收集的数据并利用AI提取的多种类型的相关性来执行数据推断。具体来说，我们的目标是利用以下三种类型的数据相关性：

（1）异构开放城市数据的相关性：近年来，反映

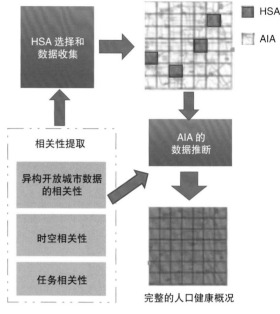

图2　CMH-USC框架:基本思路和总体工作流程。HAS: 人类感知区域；AIA: AI推断区域

城市动态的大数据，如交通流量、人员流动性和气象数据，已经被广泛应用。根据现有的研究（例如Zheng等人的工作[5]），这些数据与某些环境传感数据（如空气质量和噪声）有很强的相关性。

（2）时空相关性：在城市环境监测中，往往存在较高的时空相关性。如果两个空气质量读数是从邻近区域或时隙收集到的，则这两个空气质量读数是相似的。

（3）任务相关性：不同类型的城市传感数据可能具有互相关性。例如，当温度升高时，湿度通常会降低，而PM2.5和PM10则通常会一起上升和下降。

从图2可以看出，CMH-USC主要由以下三个模块组成。

数据相关性提取和传感结果推理

该模块旨在提取多种类型的数据相关性并构建用于传感数据推理的机器学习模型。

第一步，我们提取多种类型的城市传感数据之间

> HSA 选择问题可以表述为一个多目标优化问题，目的是最小化 HSA 中数据收集的成本和延迟，同时最大化感知数据推理的可靠性

的相关性。为了实现这一目标，我们将首先进行文献调研和访问领域专家，然后筛选出候选的相关性。有潜在候选特征后，应该执行严格的描述性分析过程，根据历史数据检查这些相关性是否成立。最后，我们需要设计一种可以在之后的数据推理过程中使用的方法，用以表示那些显著相关的特征。来自不同领域的数据由多种模态组成，每种模态都有不同的表示、分布、规模和密度。应采用不同的表示方法，充分发挥其独特的特点。

第二步，在提取并表示相关特征后，该模块旨在构建用于感知结果推理的机器学习模型。例如，我们可以在我们的城市传感数据推理、预测任务中探索矩阵补全、张量分解或深度学习技术。

基于多目标优化的HSA选择

该模块旨在选择一个区域子集作为HSA，并考虑多种因素，例如成本、可靠性和延迟。第一，推断结果必须满足一定的标准，例如，推断的错误应该小于某个阈值。第二，我们需要最大限度地降低HSA中数据收集的成本，假设不同区域的数据收集成本相同，降低成本的目标就可以更改为最小化HSA选区的数量；第三，还应该考虑延迟，我们应该设计一个通用的延迟感知方法，考虑延迟和可靠性之间的权衡。综上所述，HSA选择问题可以表述为一个多目标优化问题，目的是最小化HSA中数据收集的成本和延迟，同时最大化感知数据推理的可靠性。为了解决这一多目标优化问题，我们需要设计合适的辅助函数和搜索算法。直观地说，所选定的HSA应该是"信息最丰富"的区域，即使我们充分利用所有数据关联和各种复杂的学习模型来执行推理，这些区域的不确定性也是最高的。

无标注的推理可靠性评估

该模块旨在解决当我们在这些区域没有"真实"值进行比较时，如何评估 AIA 中推断传感数据的可靠性的挑战。解决这个问题的必要性在于，它决定了是否可以停止这些区域的 HSA 选择和数据收集。过早停止意味着尚未达到可靠性要求，而过晚停止意味着数据收集成本将高出合理性。一种选择是采用"留一法"进行评估，这种流行的重采样技术，可以展现许多预测算法的性能。

CMH–USC 的应用

在本节中，作为案例研究，我们展示了两个遵循CMH-USC基本思想的应用案例。

众机混合人群健康监测

由于人口健康监测（population health monitoring，PHM）在制定卫生政策方面的重要作用，其被认为是公共卫生服务的一个基本环节。然而，传统的公共卫生数据收集方法，如基于门诊就诊数据收集或健康调查，这对财力和时间消耗巨大。为了应对这一挑战，我们提出了一种称为综合人群健康(compressive population health，CPH)的具有成本效益的方法，在以传统方式（称为 TS-As）收集健康数据的区域内，选择给定区域的子集，同时利用相邻区域的固有空间相关性，对该区域的其余部分执行数据推断（见图3）。通过纵向交替选定区域，可以验证和纠正先前评估的

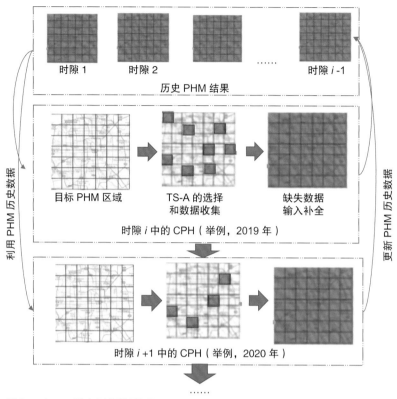

时隙 1　　时隙 2　　……　　时隙 i -1

历史 PHM 结果

目标 PHM 区域　　TS-A 的选择和数据收集　　缺失数据输入补全

时隙 i 中的 CPH（举例，2019 年）

时隙 i +1 中的 CPH（举例，2020 年）

利用 PHM 历史数据　　更新 PHM 历史数据

……

图3　对CPH基本思想的说明

空间相关性。对于选定的 TS-A，卫生行政人员将根据招募的居民人群，采取传统的方式收集数据。被招募的人群将通过问卷调查、面对面交流或到医学实验室进行检测等方式，提供个人健康状况数据。

> ## 过早停止意味着尚未达到可靠性要求，而过晚停止意味着数据收集成本将高出合理性

为了验证CPH的想法是否可行，我们对伦敦周边500个地区，10多年来的慢性病的时空发病率进行了深入研究[20]。我们提出三个广泛的分析研究。第一项研究证实了显著的时空相关性确实存在。在第二项研究中，通过部署多个最先进的数据恢复算法，我们验证了仅使用少量样本就可以利用这些时空相关性准确地进行数据推断。最后，我们比较了传统数据采集

的不同区域选择方法，结果表明，这些方法在保持高PHM质量（平均绝对误差小于0.01）的情况下，可以减少30%以上的总成本。

这项工作主要研究时空和疾病间的相关性，并探讨它们是否可以用于支持CPH。然而，我们将来还可以利用其他相关性来进一步降低收集成本或提高推理精度。例如，多源的城市大数据已经被广泛使用；一些代表性的案例，如人口密度、教育和经济状况、年龄分布、人员流动、兴趣点的分布和空气质量测量。其中一些数据源与人口健康状况有关，可用于改进当前的CPH框架。

众机混合环境传感

环境监测，例如空气质量和温度传感，是另一种广泛应用的 USC 方案。根据CMH-USC框架，我们设计了一种新颖的群智感知范式，用于在城市地区进行环境监测，称为稀疏群智感知[20]。与传统的群智感知

范式不同，传统方式通常需要参与者从城市的几乎所有地方上传环境数据，而该模型只需要参与者主动感知城市区域的一个子集，之后就能够推断其余区域的数据，从而显著减少招募参与者的费用。

具体来说，它结合了主动学习、压缩感知、贝叶斯统计学习等多种技术，实现了三个关键步骤：感知区域选择、缺失数据推理和推理质量评估（图4）。此外，通过研究温度、湿度等环境数据的不同模态之间的关系，可以有效地支持多任务USC，因为一项任务的感知数据（例如温度）可以协助推测另一项任务的缺失数据（例如湿度）。通过对温度、湿度、PM 2.5等现实生活中的大规模环境传感数据进行实验，我们验证了该模型可以在保证缺失数据推断质量的前提下，降低高达80%的传感数据采集成本。

研究机遇和前景

在本节中，我们将重点介绍USC在众机混合智能方面的研究差距和未来机遇，这可能会在这个日益重要的领域带来新的解决方案。

多源数据收集和学习中的协同优化

随着来自多个域的更多数据能够参与研究，这就

有机会利用多源数据来完成USC任务[14]。然而，当考虑到群体和人工智能的协作时，我们需要更智能地共同优化收集和学习阶段。多源数据是从具有不同表示、分布、规模和密度的不同领域收集的。一方面，由于收集方法的不同，不同类型的数据收集的成本和可靠性有着显著的差异。有些可能需要由众包工作者通过群智感知或众包平台获取(如许多推理任务的图像标签），这需要更高的激励成本来确保良好的可靠性。其他的则可以通过计算机程序和人工工作之间的协作，半自动地从现有的信息系统(如医院的电子健康记录)中收集，成本更低，质量更高。

另一方面，不同类型数据的效用也各不相同。例如，有些信息非常丰富，在分类任务中具有很强的区别性，而其他信息可能较少。一些可能是具有高度可靠性，由昂贵的专用传感站收集，而另一些可能是质量较低的，由群体生成的数据。因此，我们需要在收集和学习阶段共同考虑成本、效用、可靠性等因素，以实现更好的人与机器智能的协同优化。而这方面目前还没有进行调查。

人机回圈的可解释性

对USC任务现有研究的评价主要集中在准确率、

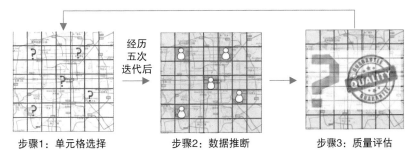

图4 稀疏群智感知的基本思路

精确率和召回率等指标上。然而，为了使城市管理者和行业能够采用相关技术，例如，协助循证决策，不应将 USC 方法视为黑匣子。相反，我们应该提供特定的机制、工具甚至平台，让城市监测、管理和规划领域的专家更容易以交互的方式积极参与到 USC 的生命周期中，从而达到一定的可解释性。

以本文中的 PHM 任务为例，为了使推理模型更具可解释性，我们需要在机器学习中结合最新的可解释性技术，并进行适当的定制。例如，为了实现深度学习模型提取的空间相关性的实例解释，我们可以使用可视化来查看某些区域是否与某些类型的人口健康结果密切相关。另一种常用的方法是通过诸如不可知模型的局部解释等技术来计算一组特征的排名[15]。目前，人机回圈的可解释性的研究已经引起了计算机视觉领域的广泛关注，但在 USC 方面还没有得到很好的研究。

知识转移

到目前为止，CMH-USC 的任务主要是从头开始执行数据收集过程。这意味着当我们有一个新任务时，我们需要从零开始收集数据，然后逐步构建应用程序。然而，之前的任务中会有一些知识可以帮助新的任务，但缺乏系统的方法来重用这些知识。假设我们已经在一个城市 A 实现了一个环境感知应用程序，现在我们想为一个新的城市 B 构建这样一个应用程序。然后，某些知识（如环境数据中的某些时空相关性）很可能从城市 A 转移到城市 B[18]。

未来，确定如何在任务之间进行知识转移将是 CMH-USC 研究的一个潜在方向。此外，在城市之间传递知识的想法超出了 CMH-USC 的范围，因为这种基本理念也可能有益于其他智慧城市应用，例如规划

和设计。如果我们想在没有历史数据的情况下在新的目标城市 B 中选择建造某些设施（比如超市）的位置，我们可以在城市 A 中发现我们有大量规划数据的知识，并将其转移到城市 B。

安全性和隐私

由于 CMH-USC 中广泛存在着人机交互，如何保证用户隐私和系统安全是另一个尚未研究的重要问题。例如，在执行 CMH-USC 任务的过程中，可能会暴露用户的位置和偏好等敏感信息。为此，如何保护用户的隐私，确保 CMH-USC 系统的安全运行是实践中至关重要的。我们认为，在未来的 CMH-USC 应用设计中，应该仔细考虑先进的隐私保护和加密方案。

人类、群体和 MI 互补性质的启发，本文研究了如何在 USC 背景下将它们的能力与协同适应和协同优化充分结合。具体来说，我们提出了 CMH-USC 的通用框架，并展示了两个应用程序作为研究案例。我们还总结了一些研究 USC 应用中众机混合智能的研究潜在方向。

致谢

这项工作得到了国家自然科学基金项目 61872010 的支持。Ⅽ

参考文献

[1] M. Naphade, G. Banavar, C. Harrison, J. Paraszczak, and R. Morris, "Smarter cities and their innovation challenges," *Computer*, vol. 44, no. 6, pp.32–39, 2011. doi: 10.1109/MC.2011.187.

[2] J. Howe. "The rise of crowdsourcing." *Wired*, vol. 14, no. 6, pp. 1–4, June 1, 2006. [Online]. Available: https://www.wired.com/2006/06/crowds/

[3] B. Guo et al., "Mobile crowd sensing and computing: The

关于作者

Jiangtao Wang 英国考文垂大学副教授，主要研究方向为移动和普世计算、移动群智感知和众包。在北京大学获得计算机科学博士学位。联系方式：jiangtao.wang@coventry.ac.uk。

Leye Wang 北京大学高可信软件技术重点实验室助理教授。研究兴趣包括普适计算、移动群智感知和城市计算。获得巴黎南部电信研究所和法国巴黎第六大学的计算机科学博士学位。联系方式：wangleye@pku.edu.cn。

Yanhui Song 英国兰卡斯特大学访问学者，主要研究方向为软件工程、软件安全、普适计算。获得中国科学技术大学计算机科学硕士学位。联系方式songyh@mail.ustc.edu.cn。

review of an emerging human-powered sensing paradigm," *ACM Comput. Surveys*, vol. 48, no. 1, p. 7, 2015. doi: 10.1145/2794400.

[4] H. Yao et al., "Deep multi-view spatial-temporal network for taxi demand prediction," in *Proc. 32nd AAAI Conf. Artif. Intell.*, 2018, vol. 32, no. 1.

[5] Y. Zheng, F. Liu, and H.-P. Hsieh, "U-air: When urban air quality inference meets big data," in *Proc. 19th ACM SIGKDD Int. Conf. Knowl. Discovery Data Mining*, 2013, pp. 1436–1444. doi: 10.1145/2487575.2488188.

[6] Y. Zheng, L. Capra, O. Wolfson, and H. Yang, "Urban computing: Concepts, methodologies, and applications," *ACM Trans. Intell. Syst. Technol.*, vol. 5, no. 3, pp. 1–55, 2014. doi: 10.1145/2629592.

[7] J. Wang, L. Wang, Y. Wang, D. Zhang, and L. Kong, "Task allocation in mobile crowd sensing: State-of-theart and future opportunities," *IEEE Internet Things J.*, vol. 5, no. 5, pp. 3747–3757, 2018. doi: 10.1109/JIOT. 2018.2864341.

[8] R. K. Ganti, F. Ye, and H. Lei, "Mobile crowdsensing: Current state and future challenges," *IEEE Commun. Mag.*, vol. 49, no. 11, pp. 32–39, 2011. doi: 10.1109/MCOM.2011.6069707.

[9] A. T. Campbell et al., "The rise of people-centric sensing," *IEEE Internet Comput.*, vol. 12, no. 4, pp. 12–21, 2008. doi: 10.1109/MIC.2008.90.

[10] R. K. Rana, C. T. Chou, S. S. Kanhere, N. Bulusu, and W. Hu, "Ear-phone: An end-to-end participatory urban noise mapping system," in *Proc. 9th ACM/IEEE Int. Conf. Informat. Process. Sensor Netw.*, 2010, pp. 105–116. doi: 10.1145/1791212.1791226.

[11] K. K. Rachuri, C. Mascolo, M. Musolesi, and P. J. Rentfrow, "Sociable-Sense: Exploring the trade-offs of adaptive sampling and computation offloading for social sensing," in *Proc. 17th Annu. Int. Conf. Mobile Comput. Netw.*, 2011, pp. 73–84. doi: 10.1145/2030613.2030623.

[12] L. G. Jaimes, I. J. Vergara-Laurens, and A. Raij, "A survey of incentive techniques for mobile crowd sensing," *IEEE Internet Things J.*, vol. 2, no. 5, pp. 370–380, 2015. doi: 10.1109/

JIOT.2015.2409151.

[13] D. A. Garcia-Ulloa, L. Xiong, and V. Sunderam, "Truth discovery for spatio-temporal events from crowdsourced data," in *Proc. VLDB Endowment*, 2017, vol. 10, pp. 1562–1573. doi: 10.14778/3137628.3137662.

[14] Y. Zheng, "Methodologies for cross-domain data fusion: An overview," *IEEE Trans. Big Data*, vol. 1, no. 1, pp. 16–34, Aug. 31, 2015. doi: 10.1109/TBDATA.2015.2465959.

[15] G. James, D. Witten, T. Hastie, and R. Tibshirani, *An Introduction to Statistical Learning*. New York: Springer-Verlag, 2013.

[16] L. Wang, B. Guo, and Q. Yang, "Smart city development with urban transfer learning," *IEEE Comput.*, vol. 51, no. 12, pp. 32–41, 2018. doi: 10.1109/MC.2018.2880015.

[17] L. Wang et al., "SPACE-TA: Costeffective task allocation exploiting intradata and interdata correlations in sparse crowdsensing," *ACM Trans. Intell. Syst. Technol.*, vol. 9, no. 2, pp. 20:1–20:28, 2018. doi: 10.1145/3131671.

[18] X. Sheng, J. Tang, X. Xiao, and G. Xue, "Sensing as a service: Challenges, solutions and future directions," *IEEE Sensors J.*, vol. 13, no. 10, pp. 3733–3741, 2013. doi: 10.1109/JSEN.2013.2262677.

[19] A. Capponi, C. Fiandrino, B. Kantarci, L. Foschini, D. Kliazovich, and P. Bouvry, "A survey on mobile crowdsensing systems: Challenges, solutions, and opportunities," *IEEE Commun. Surveys Tuts.*, vol. 21, no. 3, pp. 2419–2465, 2019. doi: 10.1109/COMST.2019.2914030.

[20] D. Chen, J. Wang, W. Ruan, Q. Ni, and S. Helal, "Enabling cost-effective population health monitoring by exploiting spatiotemporal correlation: An empirical study," *ACM Trans. Comput. Healthcare*, vol. 2, no. 2, pp. 1–19, 2021. doi: 10.1145/3428665.

（*本文内容来自 Computer, Technology Predictions, Apr. 2021*）**Computer**

我们会像用电一样使用 AI 吗？

文 | Hsiao-Ying Lin　IEEE Member

译 | 叶帅

近年来，由于人工智能（*Artificial Intelligence*，*AI*）的进步而带来的便利性收益，意味着使用人工智能是不可避免的。核心问题是在什么样的背景下，合理地使用人工智能。

本文将介绍一些人工智能的突破，讨论人工智能应用的多样性、人工智能应用的现状，并考虑解决各种问题的潜在措施。

技术创新、大数据和强大的计算促使人工智能服务和应用如雨后春笋般出现。斯坦福大学教授、人工智能公司 Landing.ai 的首席执行官 Andrew Ng 说"人工智能是新的电力"。Andrew Ng 教授创立了谷歌大脑项目，并担任百度首席科学家。

电力在 19 世纪进入人们的生活。从那时起，人们开始研究和理解电力理论，电力方面的创新被提出、开发和采用，电力基础设施已经遍布全球。今天，大多数人都离不开电力服务和应用。我无法想象没有电灯的夜间活动、没有冰箱保存巧克力、没有洗衣机节省洗衣服的时间和精力和没有电脑工作的生活——这

个清单还可以更长。人们采用电是为了让生活更轻松。出于同样的原因，人们将逐渐在各个领域采用人工智能。人工智能不仅会为现有的服务和应用做出贡献，而且还会发展出一个新的以人工智能为重点的产业链。

在采用新的人工智能技术的道路上，先驱者将引领趋势并进行创新，爱好者将扩大其影响力，并促进基础设施发展和形成工具链。最终，越来越多的人将在众多领域采用人工智能服务和应用程序。一些人工智能服务已经融入我们的日常生活，例如防止垃圾邮件，有些人工智能服务还处于婴儿期。当前，人工智能基础设施的发展突飞猛进，尤其是基于云的计算和存储服务、先进的人工智能算法和开源数据集方面。

AI 工具链也在快速发展，从可用且丰富的机器学

习框架到在线训练服务、开源机器学习模型、模型部署工具、AI边缘计算平台和特定的AI硬件资源。但是，它们是多样化的，仍然存在不兼容的问题。人工智能技术的采用及其后续影响将带来挑战，许多国家、社会、行业和个人将共同克服这些挑战。

人工智能在算法上的突破

人工智能算法的发展可以追溯到64年前，在新罕布什尔州汉诺威市达特茅斯学院举行的一次会议上，人工智能这一术语被提出。人工智能的发展经历了起起落落。深度学习的兴起是人工智能的新曙光。正如Geoffrey Hinton所描述的那样，提出人工神经元网络是为了模仿大脑的学习过程，他因对深度学习做出贡献而获得图灵奖。他提出的反向传播算法在深度学习中的应用是AI领域的转折点。

2012年，Hinton和他的团队通过使用名为AlexNet的深度学习模型在ImageNet大规模视觉识别挑战赛中取得压倒性胜利[1]。该挑战是在ImageNet数据集上进行图像分类任务，AlexNet在top-five评价上获得了84.7%的准确率，比亚军模型高出约10%。AlexNet的创新包括使用非线性激活函数，即ReLU激活函数，还有使用dropout层和数据增强来减少过拟合。此后，更多的研究人员将精力和资源投入到深度学习算法和应用的研究上。

人工智能的重大突破不仅出现在图像分类任务上，还出现在其他基于图像的任务上，例如目标检测，甚至涉及非常不同的数据类型的任务，例如自然语言处理。以下是一些重要的里程碑：

（1）在目标检测任务中，图像中的物体需进行定位和分类。一种目标检测的应用是对实时交通数据进行统计，测量道路上的车辆数量。2016年，You Only Look Once（YOLO）被提出[2]，其中，目标定位和图像分类同步进行，而不是之前的知道定位后再分类的方法。后来，YOLO的后代YOLOv4在Tesla V100上以65帧/秒的速度实现了43.5%的平均精度。实时目标检测任务已具有实用价值。

（2）生成式预训练已被用于自然语言处理[3]。它在大量语料库上使用无监督学习方法来积累词汇后，通过有监督学习方法将其应用于特定任务，例如文本分类或文本生成。基于上述设计，研究人员开发了生成式预训练Transformer 3（GPT-3），它具有生成类人文本的能力。GPT-3于2020年9月在英国《卫报》杂志[4]上发表了一篇专栏文章。它首先声明："我不是人类。我是一个机器人。一个会思考的机器人。"这个由人工智能生成的专栏展示了GPT-3有产生意见和对话的能力。

（3）生成对抗网络（Generative Adversarial Networks，GAN）使用无监督学习方法生成艺术和图像。GAN的两个核心要素是生成器和鉴别器。给定一些随机输入，生成器生成候选项，由鉴别器评估。生成器和鉴别器一起训练，以提高生成器输出的质量和鉴别器区分候选项的能力。GAN的威力在许多应用中得以迅速体现，例如图像数据增强、人体图像合成、图像风格转换和图像到图像的翻译[5]。著名的GAN应用Deepfake引起了广泛的关注和讨论。除了图像，GAN还可以创造令人愉悦的音乐。由OpenAI开发的Jukebox可以根据给定的艺术家和流派选择生成音乐和歌曲。

（4）深度强化学习（Deep reinforcement learning，DRL）使用深度学习来近似传统强化学习中的价值函数，自1956年以来一直在进行研究。DRL在Atari游戏上的应用的初步研究结果是惊人的。AI代理在许多

Atari 游戏中的表现优于人类,更重要的是,AI 代理提出了"跳出固有思维模式"的游戏玩法[6]。然后,DLR 在游戏中的应用达到了一个新的高峰,在多人战略视频游戏《星际争霸 II》中,AI 代理达到了大师级别的水平。随后,DRL 技术在算法和应用中得到了广泛的探索。

(5)联邦学习(Federated learning,FL)是一种新的分布式学习框架,可以以隐私保护方式,在分布的数据所有者之间迭代改进和开发中央 ML 模型。由于 ML 是数据密集型的,因此 FL 提供了一种从多个数据所有者收集数据的新方法。FL 因其在医学和医疗保健方面的潜在应用而备受关注,例如在肿瘤检测、肿瘤亚型和胸部 X 射线分析方面。FL 使多机构协作能够汇总来自单个医疗数据库的衍生信息,同时维护单个数据集的隐私。

日常使用的人工智能应用程序

人工智能研究人员专注于开发先进的人工智能算法,而创新者则探索人工智能如何帮助人类。令人惊讶的是,人工智能应用已经成为现代日常生活的一部分。例如,垃圾邮件过滤服务使人们免于手动删除垃圾邮件的麻烦和免于随之而来的时间浪费。根据人工智能与人类互动的方式,人工智能可以分为三种主要类型。

(1)AI 赋能的定制可以提供隐性服务,实现高水平的定制,让顾客觉得自己与众不同。正如星巴克员工亲切地迎接客户并为他们定制饮品一样,Netflix 的推荐服务让观众感到被理解和被关心。

(2)增强型人工智能旨在通过明确的合作来补充人类的能力。人类有着速度、努力、盲点、弹精竭虑、疲惫和灵感方面的天然限制。增强型人工智能服务补充了人类的能力。例如,键盘预测服务加快了人们的打字速度,语音助手解放了人们的双手,医疗诊断服务从更广泛的医疗记录中提取了原本被忽视的见解。

(3)独立的 AI 服务可单独运行,无需人工干预。它们通常可以实现自动化、可扩展性和延长运行时间。一个例子是通过使用实时图像,按尺寸和质量对水果进行自动分类。在农业领域,许多农场已经采用该类型的应用。在线聊天机器人助理服务既提供了可扩展性,也提供了较长的工作时间,一个聊天算法可以不需要休息地为无限的客人提供服务。

不仅人工智能应用越来越流行,人工智能开发也通过广泛公开 AI 课程、开源的 AI 开发工具链、AI 开源社区和易于使用的云计算平台等实际贡献不断增长。一位猫主人制作了一个人工智能猫洞,用来阻止他的猫把死的和半死的猎物带回家[7]。它通过一个人工智能摄像头(Amazon DeepLens)和一个 Arduino 驱动的锁定系统实现,当检测到猫嘴里有这样的猎物时,猫盖会锁定 15 分钟。

在中国,一位工程师利用百度的人工智能平台 EasyDL,在业余时间建造了世界上第一个人工智能猫咪收容所。这个人工智能猫咪收容所可以让流浪猫在冬天的致命寒冷中存活下来[8]。该收容所整合了一个使用猫咪面部识别和基于图像的伤害检测的人工智能访问系统、一个加热系统和一个通风系统。这两个例子都表明人工智能的应用是由人类需求驱动的,并且 AI 工具链正变得越来越容易使用,使业余爱好者能够创造出供自己使用的现实生活应用。有一些零代码的人工智能开发工具可供业余爱好者使用,如 Create ML by Apply、Teachable Machine[9]和 Google ML Kit。

水能载舟，亦能覆舟

这种人工智能热潮代表了众多技术和商业机会，但也引发了各种担忧。被《黑客帝国》和《我，机器人》等好莱坞电影吓到的人们不禁会问"人工智能最终会控制人类甚至统治人类吗？"。一个更现实的公众恐惧或疑虑是：人工智能是否会取代人类的工作，这可能已经在逐渐发生。然而，人工智能取代的或者即将取代的工作是那些重复性高、风险增加或需要长期集中注意力的工作，例如电话营销、制造、驾驶和监控服务等工作。在以人工智能为重点的产业链领域，人工智能也带来了许多新的就业机会，例如人工智能芯片、计算基础设施、数据供应链、人工智能即服务和与人机交互相关的就业机会。

人们对人工智能提出了各种社会、技术或道德问题，例如用户隐私和系统稳健性。尽管如此，从技术革命的历史中可以明显看出，人们会为了方便而逐渐采用人工智能，而不是因为这些担忧而拒绝它。因此，关键的问题是如何在很好地解决或管理这些担忧的同时采用人工智能。科幻作家艾萨克·阿西莫夫（Isaac Asimov）提出的"机器人三定律"如下[10]：

第一定律：机器人不得伤害人类，或因不作为而导致人类受到伤害。

第二定律：机器人必须服从人类给它的命令，除非这些命令与第一定律相冲突。

第三定律：机器人必须保护自己的存在，只要这种保护不与第一定律或第二定律相冲突。

这三条定律试图通过规范人机交互来解决一些公众的恐惧。

欧盟委员会人工智能高级专家组研究了主要问题，并起草了一套实施可信赖人工智能的初步一般准则[11]。在拟议的框架中，强调了四项原则：尊重人类自主权、预防伤害、保证公平和明确的解释。为了实施这些原则，确定了七个关键要求：

（1）人类机构和监督要求确保人工智能系统不会对基本人权产生负面影响，人类用户就人工智能系统做出知情的自主决定，并且AI在一定程度上支持人为干预。

（2）技术稳健性和安全要求确保人工智能系统为有意或无意的错误缓解提供稳健和安全的功能。这一条件可确保系统在发生错误或恶意攻击时的复原能力。

（3）隐私和数据治理要求确保隐私保护和有效的数据管理，例如考虑数据完整性、数据质量和访问控制。该条件主要保护在人工智能系统开发和运行过程中收集的数据集中信息的隐私。

（4）透明度满足了数据集和产生最终预测或决策的人工智能流程中的可追溯性需求，可解释性目的是理解人工智能系统为什么会产生某些结果，以及用户在与人工智能系统互动时的意识。

（5）多样性、非歧视性和公平性要求可防止或减轻不公平的偏见并确保社会平等。

（6）社会和环境福祉要求解决人工智能造福全人类的需求，包括后代的需求。

（7）问责制要求对人工智能系统的潜在负面影响进行识别、评估、记录和最小化。它要求建立机制来确保人工智能系统的责任和问责。

使用这些指南是谨慎整合人工智能的第一步，还必须解决更多面向应用的具体问题。

前面已经介绍了人工智能的突破和应用，以及人工智能的应用现状和一些担忧。我希望有更多的人能与我继续探讨人工智能算法的突破，创新的人工智能应用发现，人工智能带来

关于作者

Hsiao-Ying Lin　IEEE 会员,现任新加坡华为国际的高级研究员。联系方式:hsiaoying.lin@gmail.com。

的商业洞察力,以及对人工智能服务和应用的潜在负面影响的对策。**C**

参考文献

[1] A. Krizhevsky, I. Sutskever, and G. E. Hinton, "ImageNet classification with deep convolutional neural networks," in *Proc. Adv. Neural Inf. Process. Syst.* 25, 2012, pp. 1106–1114.

[2] J. Redmon, S. K. Divvala, R. B. Girshick, and A. Farhadi, "You only look once: Unified, real-time object detection," in *Proc. 2016 IEEE Conf. Comput. Vis. Pattern Recognit.*(CVPR), pp. 779–788. doi: 10.1109/CVPR.2016.91.

[3] A. Radford, K. Narasimhan, T. Salimans, and I. Sutskever. "Improving language understanding by generative pre-training." Amazonaws. https://s3-us-west-2.amazonaws.com/openai-assets/research-covers/language-unsupervised/language_understanding_paper.pdf(accessed Nov. 10, 2020).

[4] "A robot wrote this entire article. Are you scared yet, human?" The Guardian. https://www.theguardian.com/commentisfree/2020/sep/08/robot-wrote-this-article-gpt-3(accessed Nov. 10, 2020).

[5] P. Isola, J.-Y. Zhu, T. Zhou, and A. A. Efros, "Image-to-image translation with conditional adversarial networks," in *Proc. 2017 IEEE Conf. Comput. Vis. Pattern Recognit.*(CVPR), pp. 5967–5976. doi: 10.1109/CVPR.2017.632.

[6] V. Mnih et al., "Human-level control through deep reinforcement learning," *Nature.* vol. 518, pp. 529–533, Feb. 2015. doi: 10.1038/nature14236.

[7] J. Vincent. "An Amazon employee made an AI-powered cat flap to stop his cat from bringing home dead animals." The Verge. https://www.theverge.com/tldr/2019/6/30/19102430/amazon-engineer-ai-powered-catflap-prey-ben-hamm(accessed Nov. 10, 2020).

[8] "Purrfect! A smart shelter powered by AI keeps stray cats warm in winter." China Daily. http://www.chinadaily.com.cn/a/201903/21/WS5c92ed-7ca3104842260b1c00.html(accessed Nov. 10, 2020).

[9] Teachable Machine. https://teachablemachine.withgoogle.com/(accessed Nov. 10, 2020).

[10] "Laws of robotics" Wikipedia. https://en.wikipedia.org/wiki/Laws_of_robotics(accessed Nov. 10, 2020).

[11] The High-Level Expert Group on Artificial Intelligence. "Ethics guidelines for trustworthy AI."https://ec.europa.eu/futurium/en/ai-alliance-consultation(accessed Nov. 10, 2020).

(本文内容来自 Computer Technology Predictions, Mar. 2021) **Computer**

Jupyter：使用数据和代码讲述故事与思考

文 | Brian E.Granger　亚马逊网络服务和加利福尼亚理工州立大学
　　Fernando Pérez　加州大学伯克利分校和劳伦斯伯克利国家实验室
译 | 叶帅

Jupyter 是一项广泛用于数据科学、机器学习和科学计算的开源的交互式计算项目。我们认为，尽管 Jupyter 帮助用户完成复杂的技术工作，但 Jupyter 本身解决了本质上属于人类的问题。也就是说，Jupyter 能帮助人类思考，可以用代码和数据讲故事。我们采用描述 Jupyter 的三个方面来说明这一点：交互式计算、计算性叙述、Jupyter 不仅仅是软件的概念。我们还阐述了这些对地球和气候科学实践社区的影响。

Jupyter 项目[1]是一个开源的软件项目与社区，它为跨数十种编程语言的交互式计算构建软件、服务和开放标准。Jupyter 的核心是 Jupyter Notebook[1]，它以一种开放的文档格式和 Web 应用程序，将实时的代码与叙事文本、方程式、交互式可视化、图像等相结合，使用户能够编写和共享交互式程序。Jupyter 来自于它的父项目 IPython，2014 年，随着 Notebook 使用的向外发展与扩张，由最初的科学计算和 Python 编程语言向外延申至数据科学和机器学习的新兴世界，以及许多其他编程语言，如 Julia 和 R 语言。在组织上，Jupyter 是由非营利组织 NumFOCUS 基金会进行社区管理和财政赞助的[2]。

自 2011 年 Notebook 发布以来，Jupyter 已经创建了许多其他开源子项目来解决该空间的其他方面：

（1）JupyterLab[3]：这个项目的下一代，可扩展的 Notebook 用户界面。

（2）Nbconvert[4]：将 Notebook 转化为其他格式。

（3）Jupyter Widgets[5]：在 Notebook 中构建交互式图形界面。

（4）Voila[6]：将 Notebook 变成仪表板和 Web 应用程序。

（5）JupyterHub[7]：用于 Jupyter 的多用户部署。

（6）Binder[8]：一项将 Git 存储库转换为实时对基于 Notebook 内容进行 ad-hoc 探索的 Jupyter 服务器的服

1）https://jupyter.org。
2）https://numfocus.org。

3）https://github.com/jupyterlab/jupyterlab。
4）https://github.com/jupyter/nbconvert。
5）https://github.com/jupyter-widgets/ipywidgets。
6）https://github.com/voila-dashboards/voila。
7）https://github.com/jupyterhub/jupyterhub。
8）https://mybinder.org。

务。

（7）Nbviewer[9]：一项实现在线托管的Notebook预览等功能的服务。

今天，Jupyter Notebook已经在计算教育和研究、科学、数据科学和机器学习领域无处不在。数百万用户和数以万计的组织每天都在使用Jupyter。截至2021年初，仅GitHub上就有超过1000万个开源的Jupyter Notebook项目[10]。

横跨物理学、化学、生物学、经济学、地球科学等领域的主要研究合作和社区，利用Jupyter作为其计算工作、合作、教育和知识传播的基础工具。大学的整个课程和大规模开放式在线课程都基于Jupyter。所有主要的云供应商和多家初创公司都提供基于Jupyter Notebook的产品和服务[2]。

考虑到Jupyter的使用范围和本文的限制因素，我们不可能公正地描述用户使用Jupyter所做的了不起的事情。相反，为了进一步探索，我们建议读者参考Jupyter Con 2020大会[11]的演讲。

同样，这篇文章也不能公正地对待大型、多样化、广泛的Jupyter贡献者社区所建立的一切，无论是在软件还是在社区方面。我们在这里描述的一切都建立在为期20年的开放合作之上，来自学术界、工业界、政府和更多人的利益相关者都作为同行参与其中。关于Jupyter杰出贡献者和指导委员会的更多信息可以在该项目的网站上找到[12]。

作为Jupyter的联合创始人和联合董事，我们两人被要求向Jupyter的读者介绍CISE，它是Jupyter Con 2020内容的一小部分。与此同时，2021年是Jupyter

---

9）https://nbviewer.jupyter.org。
10）https://github.com/parente/nbestimate。
11）https://www.youtube.com/c/JupyterCon/videos。
12）https://jupyter.org/about。

Notebook诞生10周年和IPython诞生20周年。因此，我们认为值得停下来问两个问题：Jupyter的核心理念是什么？为什么Jupyter Notebook对于如此广泛的用户与领域如此有用？

Jupyter的首要理念是人类很重要。这句话的背景是：在数据科学和计算密集型的研究和开发中，技术的关注度权重往往占主导地位，比如算法、编程语言、系统和软件架构等。在这个背景下，对于人的关注度和问题的关注度权重往往最多处在次要位置。Jupyter生活在这个宇宙中：它的软件和用户在技术上都很精致，它的主要使用情况是用代码和数据解决复杂问题。尽管如此，我们声称Jupyter主要解决的问题是人类特有的。Jupyter解决了哪些人类问题？为了回答这个问题，我们从三个维度简略地阐述Jupyter：

（1）交互式计算。

（2）计算性叙述。

（3）Jupyter不仅仅是软件的概念。

最后，我们介绍了这些想法在实践社区存在广泛计算领域时，是如何实施的。

交互计算

在最基本的层面上，Jupyter提供了一个交互式计算的架构和应用程序。我们认为交互式计算解决了人类的问题：它使人类能够利用计算机和数据来执行广泛的人类任务：决定、分析、理解、接受、拒绝、发现、质疑、预测、创建、假设、测试、评估和游戏。或者更简单地说，Jupyter能帮助人类思考。这可以在交互式计算是以人为中心的定义中看到。

就我们的目的而言，交互式计算是一个持久的计算机程序，它在"人的循环"中运行，其中主要的交互方式是通过同一个人反复地编写/运行代码块并查看结果。

首先，这些程序是持久的和有状态的，程序有工作存储器，它记录了以前的计算结果，并可在之后的计算中使用；其次，用户通过编写代码而不是使用图形、触摸或其他界面向程序提供输入；再次，与图形用户界面或大多数软件工程相比，在这种交互式计算中，一个人既是用户又是程序的作者；最后，与软件工程相比，没有外部指定的目标或设计目标。相反，用户在反复执行代码，思考结果和数据的过程中，探索和发现了他们的目标。

这种交互式计算的定义起源于现代科学计算社区。IDL（1977）、Maple（1982）、MATLAB（1984）和 Mathematica（1988）等工具提供了这种交互模式。顺理成章的是，我们两个成长为物理学家的历程中，就是使用这些交互式计算工具作为计算工作流程的基础。事实上，我们创建 IPython 和 Jupyter 的初心是希望在 Python 编程语言中获得同样的交互式计算体验。

我们承认，在这里我们对交互式计算的定义有些狭窄。整个人机交互（HCI）领域关注的是人类如何在所有的交互模式下与计算机进行交互。在与计算机互动的众多方式中，写代码也许是最不人道的（想象一下，如果我们不得不写代码来发布 Twitter 或发送电子邮件……）。为什么写代码对某些任务和活动如此有效？

从以计算机为中心的角度来看，交互式计算的定义是将这些系统建模为与环境（人类用户）交互持久性图灵机[2]。更通俗地说，交互式计算最简单的表达式是 REPL，即读（read）、测试（eval）、打印（print）、循环（loop）。在 REPL 中，程序反复读取代码行，评估该代码，然后打印结果。简单的基于终端的交互式 Shell，如 IPython 和 Jupyter Notebook，遵循以上（REPL）的模式有微小的变化。但是以计算机为中心的观点并没有回答前面提出的问题：从人类的角度来看，REPL 的价值是什么？

为了回答这个问题，让我们把 REPL 翻过来，从人类用户的角度来看待它。用户有一个对应于计算机的"读—测试—打印"循环："写（write）—测试（eval）—思考（think）"循环（WETL）。首先，用户写一个代码块来导入数据、训练模型、创建可视化、实现算法等（之后由计算机读取）；其次，用户要求计算机评估该代码块（计算机会这样做）；最后，在计算机显示结果后，用户看着这个结果，思考下一步该怎么做。这是我期望看到的吗？X 和 Y 是什么关系？为什么会出现异常？我可以用这个数据集预测什么，哪些特征是有用的？简而言之，用户正在用代码和数据进行思考。

正因为这种迭代的进行，人类用户和计算机一起工作，通过代码及其输出进行交谈。因为这种交谈的交流方式是一种像 Python 这样的编程语言，所以用户能够思考复杂的技术问题、算法和数据。这种将计算机用作思考伙伴的想法并不新鲜。

人机共生是"人类"和电子计算机之间合作互动的预期发展……使"人类"和计算机能够合作做出决策和控制复杂情况，而不需要僵硬地依赖预先确定的程序。在预期的共生伙伴关系中，"人类"设定目标，制定假设，确定标准，并执行评估。计算机将做一些必须完成的程序化工作，为技术和科学思维中的洞察力和决策做好准备[3]。

归根结底，理解和基于这种理解作出决定的责任从根本上说是人类的行为。作为一个交互式计算的工具，Jupyter 使用户能够在气候变化、政策、公共卫生、研究、业务运营、司法、立法等多种环境中将计算和数据应用于具有挑战性的问题。

计算叙述

虽然IPython和其他REPL/WETL能提供交互式计算体验，使用户能够使用代码和数据进行思考，但它们缺乏持久性。更具体地说，这些工具帮助用户当下进行思考，但是当会话关闭时，就没有可以用来共享、传播或再现工作的持久性人工作品。这是Jupyter所解决的第二个人类问题，并把我们带到了计算性叙述的想法上。

叙事是普遍的。人类被进化为创造、分享和消费叙事或故事的人[4,5]。所有已知的文化都有讲故事的习惯，无论文化或教育如何，人类在很小时候就有创造和处理故事的能力和倾向[4]。事实上，如果不讲故事，就很难进行对话。

讲故事与理解力在功能上是一样的……智慧和我们可以在适当的时间讲正确的故事的能力息息相关[6]。

人类理解的这种以叙事为中心的方面与计算机形成鲜明对比，计算机被优化为消费、生产和处理数据。为了让数据以及处理和可视化这些数据的计算对人类有用，它们必须被嵌入到一个叙事中——计算性叙述——为特定的受众和背景讲述一个故事[13]。

计算笔记本是由Mathematica在1988年推出的。Jupyter Notebook是我们对计算叙述的具体实现，它有一个基于网络的架构，旨在实现可扩展性、编程语言独立性和开放的文档格式。这个叙述的原始事件是底层交互式计算的REPL/WETL的迭代的输入（代码）和输出。围绕这一点，用户可以添加叙事文本，包括方程式、多媒体内容等。

13）见 H. Porter Abbott 的 *Cambridge Introduction to Narrative*（*2008*）。

建立在Jupyter Notebook上的计算叙述解决了许多人类问题。首先，它们使交互式计算作为工作的自然副产品可以复现；其次，它们提供了一个可以与他人共享的人工作品，它可以进行版本控制，可以用于交流结果等；最后，Jupyter Notebook使用的是一种开放格式，可以被转换为其他形式，包括网站、书籍、在线文档和仪表板。

这些人类对计算叙述的使用说明了Jupyter Notebooks的使用方式如何以及为何与传统的软件工程工具有如此大的不同，传统软件工程工具的目标是让一组人编写软件，然后部署给完全不同的用户群使用。虽然Knuth的文学编程范式[8]将面向人的文档编织到软件工程过程中，但计算叙事在将交互式计算作为核心元素的合并方面是独特的。这里的结果不是软件产品，而是"推行"给其他人的想法和理解。

不仅仅是软件

虽然Jupyter的开源软件是该项目的核心，但多年来，我们已经形成了一个更广泛的视角来指导项目的发展，并且一直是其增长和采用的主要因素：Jupyter不仅仅是软件。更具体地说，Jupyter还构建并包含服务、开放标准和协议以及社区。

对于许多用户来说，他们领域中的内容是了解Jupyter的第一个原因：nbviewer和Binder等服务允许他们阅读、共享和执行与他们相关的主题的计算叙述，从博客文章到研究论文和交互式教科书。Jupyter软件和服务直接支持这些学习和知识共享目标。

接下来，除了构建软件，Jupyter项目还为我们软件实现的交互式计算开发了开放标准和协议。这使得第三方可以在不明确共享代码的情况下构建可共同操作的软件生态系统。基于JSON的Jupyter

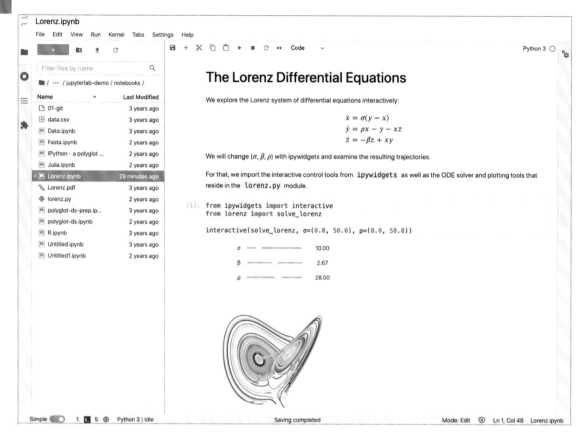

图1 由Jupyter Lab打开的解决洛伦兹微分方程[7]的Jupyter Notebook实例。该Notebook有实时交互代码、标题、叙述文本、方程、可视化和交互控制模块，它们被组织成以人为本的计算叙述

Notebook 文档格式[14)]使第一和第三方工具能够使用和结合 Jupyter Notebooks，以实现广泛的用途，例如：在第三方用户界面（Colab[15)]、nteract[16)]、CoCalc[17)]、VSCode[18)]）上与 Jupyter Notebook 一起工作；转换 Notebook 并将其作为独立的网站、书籍等在线显示，或在其他应用程序中显示（nbviewer、Jupyter Book[19)]、GitHub[20)]、Authoreau[21)]）。Jupyter 还开发了一种网络协议，用于在交互式计算用户界面（Jupyter Notebook、JupyterLab、基于终端的 REPL 等）和运行用户代码的服务器端计算过程（在Jupyter架构中称为内核）之间

进行通信。此内核消息协议[22)]允许第三方执行以下操作：

（1）使Jupyter的运行时架构适应新的部署场景。

（2）构建100多个不同的内核，支持当今使用的大多数编程语言[23)]。

（3）构建可复用Jupyter运行时架构的交替交互式计算应用程序。

此外，Jupyter 的软件提供了多种编程API，方便用户定制和扩展，而无需分叉或复制整个代码库。例如，Jupyter 服务器通常将用户的文件存储在本地文件系统上。然而，该服务器提供了一个API，第三方已经利用它将笔记本存储在 Amazon S3、关系数据库和 Google Drive 上。用户可以安装和使用这些扩展的

14）https://pypi.org/project/nbformat。
15）https://colab.research.google.com。
16）https://github.com/nteract/nteract。
17）https://cocalc.com。
18）https://code.visualstudio.com。
19）https://jupyterbook.org。
20）https://github.com。
21）https://www.authorea.com。

22）https://github.com/jupyter/jupyter_client。
23）https://github.com/jupyter/jupyter/wiki/Jupyter-kernels。

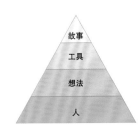

图2　Jupyter 有一个分层的生态系统：建立在用户和贡献者的不同社区上；建立开放的标准和协议；构建可扩展的软件；部署在公共机构中，支持内容的创作和共享。这些层相互建立，彼此都是不可替代的，并推动着创新

任意组合。Jupyter 的下一代用户界面 JupyterLab 的架构也说明了这种模式：整个应用程序是一组独立的 JavaScript 包的扩展。这些可以组合成满足用户需求的新工具，而项目不必实现每一个想得到的功能。

这把我们带到了社区。除了作为软件之外，Jupyter 还是一个由各行各业的用户、开发人员和利益相关者组成的社区。虽然 IPython 和 Jupyter 最初是由一小群开发人员构建的，但今天已有 1500 多人为我们的代码库做出了贡献，还有更多人构建了根植在我们生态系统中的内容。此外，数百名第三方开发人员参与该社区并构建利用 Jupyter 的扩展、应用程序和内容。社区的巅峰之作是 Jupyter 用户，他们的数量达到数百万。该社区并非偶然：核心 Jupyter 团队投入了大量精力来欢迎新的贡献者、帮助用户、规划和举办社区活动（Jupyter 社区研讨会[24]、JupyterDays JupyterCon[25]），以及培训和指导初级开发人员和设计者。至关重要的是，我们已经开发并继续完善一个开放的治理模型，旨在满足这些不同利益相关者的需求，他们的共同努力使得 Jupyter 的影响力以有机的方式增长，远远超过了核心贡献者的资源。

图2直观地显示了 Jupyter 软件之外的这些附加维度。

实践社区（CoP）

CoP 是由一些共同问题或主题所激发的一群人，他们通常旨在促进特定专业领域的知识发展，共同制定公认的做法[9]。因此，CoP 的一个核心要素是能够流畅地分享知识，特别是以能够让其他人复用共享工

24）https://blog.jupyter.org/jupyter-community-workshops-callfor-proposals-for-jan-aug-2020-710f687e30f4。

25）https://jupytercon.com。

作和以此为基础的方式共享它。Jupyter 已经成为实践社区中一种可以使用的技术，常用于以计算、数据分析和编程为中心的实践社区。

Jupyter 生态系统中的几种要素在支持 CoP 方面发挥了互补作用。最突出的是，Jupyter Notebook 的计算叙述支持个人对想法的探索，并以可复用、可复制的方式分享由此产生的知识，从而鼓励反馈和协作。反过来，这些叙述中编码的知识体系也会促进合作的循环，从而建立起 CoP。这些叙述在研究和教育领域特别有价值，在这些领域，探索、发现、重现性以及对复杂问题的共享理解是关键目标。

此外，正如我们现在说明的那样，Jupyter 在 Notebook 之外的其他方面也支持 CoP 的发展。

Notebook 共享

2011 年 IPython Notebook 发布时，在 Notebook 中共享工作需要收件人也安装软件才能查看，或者需要作者将 Notebook 转换为广泛使用的格式，如 HTML 或 PDF。nbviewer 服务使此转换成为一键操作。它最初由 M. Bussonnier 于 2012 年设计，它使任何人都可以轻松以网页链接的形式分享任何公开 Notebook 的渲染 HTML 版本。从而，读者可以通过网页浏览器去访问。我们观察到，通过博客和社交媒体分享 Notebook 的现象迅速增加，因为人们会以该格式发布他们的作品。随着其他平台（例如 GitHub）添加了内置 Notebook 渲染，这种共享模式一直在延续和扩大。在今天，

Jupyter Book 促进了 Notebook 以集合形式，形成完整的交互式"教科书"，然后进行分享。这些可以通过 GitHub Pages 等工具免费作为静态 HTML 网站在线托管，也可以通过 Binder 作为实时、可执行的 Notebook。

团队使用

虽然 Notebook 被设计为在个人计算机上运行的单用户应用程序，但基于 Web 技术使其托管在远程或基于云的服务器上，同时提供相同的用户体验。JupyterHub 由 Min Ragan-Kelley 和团队的其他成员在 2015 年首次发布，它可以在远程服务器上为多个并发用户托管 Notebook，并进行认证访问，这使得团队在共享基础设施上工作成为可能。大学课程是一个典型的早期使用案例：我们都在各自的大学教授数据科学课程，它完全托管在基于云的 JupyterHub 上。这种模式已经被许多学院和大学采用，加拿大的 Callysto 项目通过该模式努力达到了 K-12 教育[26]。研究小组和行业团队同样采用 JupyterHub 作为建立共享计算基础设施的工具。今天，由于 HPC 托管的 JupyterHubs，包括 NERSC、NCAR 和 Compute Canada[27] 在内的科学 HPC 设施提供了国家级的基础设施，科学家可以通过网络浏览器访问。

可重复共享

虽然 nbviewer 允许共享静态叙述，但随着 Binder 的发布，以类似的方式共享一个或多个 Notebook 的实时、可执行版本成为可能。Binder 最初是 Jeremy Freeman 和 Andrew Osheroff 在 2015 年末提出的原型。它将具有明确声明的依赖关系的 Notebook 存储库转化

为云端的实时临时容器，然后用户可以通过网络浏览器进行访问，即刻免费执行其中所有的代码而不需要下载或安装任何底层软件。

这些来自 Jupyter 架构和生态系统的示例说明了开放的模块化工具如何放大单个 Notebook 的价值，并以促进 CoP 的方式支持知识共享。我们已经看到 CoP 在生物信息学、高能物理、数据科学、机器学习、音乐、经济学等多个领域大量使用 Jupyter。一个引人注目的例子是围绕 Pangeo 项目构建的地球科学和气候 CoP "A 大数据地球科学社区平台"[28]，下面，我们将详细地讨论它。

Pangeo 是来自 EarthCube 计划的 NSF 资助项目，它被定义为"一个协作开发软件和共享基础设施的社区，以实现大数据地球科学研究"。Pangeo 团队发现以下问题限制了现代地球科学和气候研究的进展：对大规模数据集的访问不畅、科学家可用的工具缺乏技术先进性，以及可重复性。最初由 Ryan Abernathey 和 Joe Hamman 领导的 Pangeo 团队发现，通过针对地球和气候科学社区的特定需求的配置、部署和文档的"最后一英里问题"，开源工具已经相当好地应对了这些挑战。

Pangeo 采用 JupyterHub 配置 Xarray 以访问数值数据集，Dask 进行分布式计算，作为其平台的支柱。Jupyter 工具的开放、与供应商无关的性质使 Pangeo 可以部署在云上或 HPC 硬件上，从而将科学计算的传统实践与当今的云托管工具和数据集连接起来。他们部署了自定义工具，比如 Dask 插件，它在 JupyterLab 中提供分布式处理的实时反馈，以及具有 Dask 支持的专用绑定器，帮助 CoP 应对大规模工作流程中可重复性的挑战。

26) https://www.callysto.ca。
27) https://computecanada.ca and https://syzygy.ca。
28) https://pangeo.io。

Pangeo 对 Jupyter 的采用使其能够在 Jupyter 多个方向上的成长和发展发挥关键作用：

（1）HackWeeks[10]：是将计算方法的教育和围绕特定领域主题的社区建设、研究原型相结合的活动。Pangeo Hubs 举办了许多 HackWeeks，包括使用美国国家航空航天局的 ICESat-2 进行冰冻圈科学的卫星数据分析、海洋学、广谱地球科学以及使用 CMIP6 数据进行大规模气候建模。

（2）Pangeo Gallery[29]：提供了托管在支持 Dask 的 Binder 部署上的 Notebook 的实时集合。它涵盖的主题从技术基础设施（例如使用 Dask 进行可扩展的计算、Pangeo 软件栈的说明或基于云的数据分析的性能基准）到领域科学（例如分析陆地卫星图像、基于模拟的海洋数据处理遥感、研究国家天气模型、飓风下的水位建模和复现全球气候建模的关键论文等）。

（3）Jupyter 遇见地球项目[30]：将 Jupyter 的发展与地球科学的研究实例连接起来，包括一些来自 Pangeo 支持的 ICESat-2 和 CMIP6 的 HackWeeks。

（4）Pythia 项目[31]：为使用 Scientific Python 生态系统分析地球科学数据提供新的学习材料。最后这两个项目是由 Pangeo 的成员共同领导，并在同一个 NSF EarthCube 的框架下得到资助。

Pangeo 社区已经成功地演示了如何在云上进行大规模科学研究，这种需求存在于地球科学以外的领域。其他领域社区正在利用这种方法来满足自己的需求，例如由 Ariel Rokem 和华盛顿大学的其他人领导的 PanNeuro 工作，我们认为这是一个积极的信号，表明 Jupyter 的基础设施对不同社区具有广泛的影响。

Jupyter 团队一直在寻求创建的工具不是开放的，而是与供应商无关的、模块化的和可扩展的。虽然 Pangeo CoP 有自己的特定需求和要求，但其他 CoP 和服务提供商可以自定义、扩展和部署相同的构建块，以用于其他用例。这里的关键点是 Jupyter 用于交互式计算和计算叙事的开源构建块如何在这些社区中开启新的实践和协作模式。

结尾

这让我们回到了本文的主要思想，本文总结了 Jupyter 项目的过去、现在和未来的方向。Jupyter 帮助个人和团体利用计算和数据来解决复杂的、技术性的，以人为中心的理解、决策、协作和社区实践问题。此外，我们相信，使用以人为本的设计原则和实践来构建的开源、社区管理、模块化和可扩展软件在应对这些挑战方面特别有效。

致谢

感谢 Lorena Barba 和 Hans Fangohr 为本文的编辑工作以及对本文的有益评论。还要感谢 Lindsey Heagy 对图 2 的有益反馈和工作。最重要的是，感谢所有 IPython/Jupyter 贡献者，他们二十多年来的工作使这个项目成为可能，也感谢 Jupyter 所依赖的更广泛的科学 Python 社区。Brian Granger 和 Fernando Pérez 在 Jupyter 项目上的工作一部分得到了 Alfred P. Sloan 基金会的支持，一部分得到了 Gordon 和 Betty Moore 基金会的支持，一部分得到了 Helmsley Charitable Trust 的支持，一部分得到了 Schmidt Futures 的支持。Fernando Pérez 的工作得到了美国国家科学基金会 EarthCube 项目 1928406 和项目 1928374 的支持。Brian Granger 的工作也得到了亚马逊网络服务的支持，并有

29）http://gallery.pangeo.io。
30）https://bit.ly/jupytearth。
31）https://ncar.github.io/ProjectPythia。

关于作者

Brian E.Granger 美国华盛顿州西雅图亚马逊网络服务公司首席技术项目经理。过去十年里，他在加州圣路易斯奥比斯波州立大学担任物理学和数据科学教授。研究兴趣是构建交互计算、数据科学和数据可视化的开源工具。获得美国科罗拉多大学博尔德分校原子、分子和光学物理理论博士学位。Jupyter 项目的联合创始人，Altair 统计可视化项目的联合创始人，也是关注 Python 数据科学的一些其他开源项目的积极贡献者。NumFocus 的顾问委员会成员和加州理工大学创新和创业中心的教员。曾与 Jupyter 项目的其他领导人一起获得 2017 年 ACM 软件系统奖。联系方式：bgranger@calpoly.edu 或 brgrange@amazon.com。

Fernando Pérez 美国加州大学伯克利分校统计学副教授，伯克利分校劳伦斯伯克利国家实验室的科学家。主要贡献是为人类构建开源工具，将计算机作为思考和协作的伙伴，如在科学的 Python 生态系统（IPython、Jupyter 和相关项目）中。目前的研究兴趣是地球科学问题以及如何构建计算和数据生态系统，并采取协作、开放、可复制和可扩展的科学实践来解决气候变化等问题。获得美国科罗拉多州博尔德市的科罗拉多大学博尔德分校的物理学博士学位。2i2c.org 计划、伯克利数据科学研究所和 NumFOCUS 基金会的联合创始人。美国国家科学院 Kavli 科学前沿研究员和 Python 软件基金会的成员。2017 年 ACM 软件系统奖和 2012 年 FSF 自由软件进步奖的获得者。联系方式：fernando.perez@berkeley.edu。

时间为 Jupyter 和本文做出贡献。**C**

参考文献

[1] T. Kluyver et al., "Jupyter notebooks—A publishing format for reproducible computational workflows," in *Positioning and Power in Academic Publishing: Players, Agents and Agendas*. Amsterdam, The Netherlands: IOS Press, 2016, doi: 10.3233/978-1-61499-649-1-87.

[2] D. Goldin, S. A. Smolka, and P. Wegner, *Interactive Computation*. Berlin, Germany: Springer-Verlag, 2006.

[3] J. C. R. Licklider, "Man–computer symbiosis," *IRE Trans. Human Factors Electron.*, vol. HFE-1, no. 1, pp. 4–11, Mar. 1960, doi: 10.1109/thfe2.1960.4503259.

[4] M. S. Sugiyama, "Narrative theory and function: Why evolution matters," *Philosophy Literature*, vol. 25, no. 2, pp. 233–250, 2001, doi: 10.1353/phl.2001.0035.

[5] K. Young and J. L. Saver, "The neurology of narrative," *SubStance*, vol. 30, no. 1/2, pp. 72–84, 2001, doi: 10.2307/3685505.

[6] R. Schank, *Tell Me a Story: Narrative and Intelligence (Rethinking Theory)*. Evanston, IL, USA: Northwestern Univ. Press, 1995.

[7] E. N. Lorenz, "Deterministic nonperiodic flow," *J. Atmospheric Sci.*, vol. 20, no. 2, pp. 130–141, 1963, doi: 10.1175/1520-0469(1963)020<0130:DNF>2.0.CO;2.

[8] D. E. Knuth, "Literate programming," *Comput. J.*, vol. 27, no. 2, pp. 97–111, Feb. 1984, doi: 10.1093/comjnl/27.2.97.

[9] E. Wenger, "Communities of practice: Learning as a social system," *Syst. Thinker*, vol. 9, no. 5, pp. 2–3, 1998.

[10] D. Huppenkothen, A. Arendt, D. W. Hogg, K. Ram, J. T. VanderPlas, and A. Rokem, "Hack weeks as a model for data science education and collaboration," *Proc. Nat. Acad. Sci. USA*, vol. 115, no. 36, pp. 8872–8877, Aug. 2018, doi: 10.1073/pnas.1717196115.

（本文内容来自 *Computing in Science & Engineering, Mar./Apr. 2021*）**computing**

用于跟踪时变特征的置信引导技术

文 | Soumya Dutta, Terece L. Turton, James P. Ahrens　美国北卡罗来纳州洛斯阿拉莫斯国家实验室
译 | 程浩然

应用科学家常采用特征跟踪算法来捕捉其仿真数据中各种特征的时间演变。然而，随着先进的仿真建模技术的发展，科学特征的复杂性也在增加，对特征跟踪算法的可靠性进行量化也变得非常重要。任何鲁棒的特征跟踪算法的理想要求之一是在每个跟踪步骤中估计其置信度，以便对获得的结果进行解释而不产生任何歧义。为了解决这个问题，我们开发了一种置信度导向的特征跟踪算法，该算法允许对用户选择的特征进行可靠的跟踪，并使用基于图形的可视化方法以及跟踪特征的空间可视化来展示跟踪动态。通过将其应用于包含不同类型的时变特征的两个科学数据集，验证所提出方法的有效性。

在大数据分析时代，专家们经常使用特征跟踪算法来有效探索时间变化的数据。然而，复杂科学特征的进化对它们的鲁棒跟踪构成重大挑战。为了解决跟踪中的对应问题，研究人员已经提出了几种技术[1-3]，证明了它们在各种情况下的有用性。这些技术中的大多数都没有专注于研究这些技术的可靠性。因此，如果一个跟踪算法做出了不正确的响应，用户就无法确定是否存在错误，除非对每个跟踪步骤进行人工调查——这是一个耗时的过程。因此，任何跟踪算法的一个关键要求是报告其置信度并告知用户存在的不确定性。

大多数之前的特征跟踪工作可以大致分为两类：基于属性的跟踪[2, 4, 5]和基于体积重叠的跟踪[3, 6, 7]，这两类方法都显示出了很好的效果。对于基于属性的方法，通过将多个特征属性值与一组预定义的固定阈值进行比较来建立特征对应关系。最佳的阈值可能很难确定，但算法的有效性在很大程度上依赖于它们。不同的数据集需要基于其时间动态的不同阈值。基于体积重叠的技术需要较高的时间粒度，并且在两个对应的特征在时间上不重叠时不适用[1]。鉴于它们各自的局限性，不确定性感知的特征跟踪算法可以提高这两类技术的鲁棒性。

我们提出了一种新的以置信度为导向的特征跟踪算法，它克服了基于属性和基于重叠的跟踪算法的

潜在限制，并提高了它们的鲁棒性。给定几个特征属性，基于模糊规则的系统 (FRBS) 捕获它们的时间动态并使用一组模糊规则估计各种特征行为，然后将目标特征输入 FRBS 以进行基于推理的跟踪。FRBS 使用其学习到的知识库解决未来时间步骤中的对应关系，估计每个对应测试的置信度分数。所提出的系统经过训练，能以高置信度检测连续特征。当发生特征分裂或合并等意外事件时，模糊系统的置信度得分变低，表明跟踪不确定性高，并且发生了进化事件。使用所提出的方法，这样的时间步长很容易识别，并进一步研究以对检测到的事件进行分类。所提出的方法有几个独特的优点。首先，该方法不需要一组预定义的属性阈值来进行特征对应检查。相反，会生成一致且可解释的置信度分数。该分数表示特征匹配置信度，增强了跟踪算法的整体鲁棒性。其次，属性相似性度量用于检测特征对应而不是重叠标准，使该方法适用于时间稀疏的数据集。

该方法的有效性通过两个科学数据集和稀疏时间采样用例得到了证明。因此，我们在本文中的贡献有两个方面：

（1）一种基于知识驱动的模糊规则的算法，能够跟踪动态特征并量化每个步骤的特征匹配置信度。

（2）通过一个新的置信度引导的跟踪图，将重要的跟踪特征在一段时间内可视化，以向科学家传达整体跟踪动态。

相关工作

特征跟踪是科学数据可视化中的一项重要任务。Samataney 等人[2]提出了一种基于属性的对应方法来跟踪科学数据集中的体积特征。Reinder 等人[4]介绍了一种类似的基于属性的特征跟踪算法。Silver 和

Wang[3]通过利用体积重叠标准来跟踪特征。Ji 和 Shen 使用土方机距离（EMD）设计了一种最优特征跟踪算法[1]。Muelder 和 Ma 使用预测-校正方法引入了一种新的高效特征跟踪算法[8]。Dutta 和 Shen[5]使用基于分布的数据集进行特征跟踪。Saikia 和 Weinkauf 介绍了一种全局特征跟踪算法，其中使用体积重叠和分布差异来测量特征对应性[7]。Schnorr 等人[9]介绍了一种用于特征跟踪的两步优化算法。

知识驱动的跟踪

本文使用 FRBS 来量化跟踪置信度。FRBS 在匹配的每一步都会生成一个置信度分数，以便用户可以判断跟踪的可靠性。当突然发生进化事件时，例如特征拆分/合并，匹配置信度得分会显著下降，从而引起用户的进一步关注。跟踪结果的可视化探索是通过体积可视化和描绘整体跟踪动态的新跟踪图进行的。请注意，本文不涉及特征提取，并且该方法假设可以使用任何适当的特征提取算法来提取特征。

给定一个目标特征 f_i 和一组提取的目标对象 $O=\{O_1, O_2, \cdots, O_k\}$，跟踪算法的目标是在集合 O 中找出与目标特征正确对应的对象。在这种情况下，传统的基于属性的特征对应检测已被证明是有前途的[2,4,5]。对应标准是通过计算几个属性值之间的差异来衡量的，然后根据预定的硬阈值检查这些差异。最佳匹配是通过挑选满足所有阈值条件的最接近的对象来确定的。如果没有找到匹配的对象，则表明有一个特征消散/死亡事件。这种技术的一个潜在缺点是它依赖于多个硬阈值。这些阈值通常是手动设置或取决于数据集和特征的动态变化。确定一套一致和鲁棒的阈值是不容易的，往往需要专家的调整。

时间特征动态估计

我们提出了一种新的基于模糊规则的知识驱动跟踪算法，该算法首先从代表性特征的时间演化中捕捉特征动态，然后利用获得的知识来跟踪其他特征。使用FRBS来解决这个问题的动机有两个：

（1）FRBS提供了一种有效的方法来将基于属性的对应检测问题映射到基于规则的系统中，而不需要明确指定任何硬性阈值。

（2）模糊学习算法的工作原理很好理解，在分析结果的同时减少了模型不确定性的影响。

为了对特征的动态行为进行紧凑的建模，我们使用了一组模糊规则，其中每个规则都对特征动态的特定行为模式进行建模。为了捕捉特征的时间动态，我们计算每个对象的四个关键属性：质量（M）、体积（Vol）、中心点（C）、速度（Vel）。这些数量是通过Samtaney等人[2]和Reinders等人[4]的工作中描述的方法计算的。除了这四个属性，其他与特征形状、方向和高阶矩相关的特征属性也可以添加到模糊分析系统中。

特征属性相似度的模糊化

给定一组候选对象，模糊系统旨在为真正的对应对象产生最高的输出响应。候选对象和目标特征之间的相似度可以通过测量其属性值的差异来估计。这些差异随后被用作模糊系统的输入。从概念上讲，差异越小，对象和目标特征之间的相似度就越高。因此，需要有一个更高的置信度输出。由于模糊系统在模糊域中工作，因此需要将属性差异值转换为模糊域。在模糊域中对差异值的一致和可比的表示是通过归属函数来实现的，成员函数将属性差异程度量化为模糊值 $\in[0,1]$，这种方法被称为模糊化。请注意，我们可以

在跟踪过程中对属性相似性标准进行量化，而不需要预先定义阈值。为了定义模糊化过程，我们使用高斯归属函数（GMF）。请注意，GMF是一种有限混合模型的方法（参见Melnykov和Maitra的工作[10]），其他类型的归属函数也可以使用。给定一个属性差异值 x，$\bar{x}$ 为其平均值，σ 为其标准差，$\Delta x = x - \bar{x}$。GMF的正式定义为

$$GMF（x）=\exp（-\Delta x^2/2\sigma^2）\qquad（1）$$

如果 ΔVol 代表一个物体的体积属性与目标特征的体积相比的差异，那么通过使用GMF，ΔVol 被映射为一个模糊值，反映了与它相关的目标特征体积的相似程度。

追踪知识库的构建

为了建立跟踪的知识库，我们采用了一个基于模糊聚类的学习方案。这种基于聚类的学习方法的目的是从已知的训练数据中提取自然分组，这些分组可以用来简明地描述数据中特征的行为，即若干模糊规则[11]。候选对象和目标特征之间的相关性检查是通过一个包含属性差异值的属性向量完成的。因此，$\{\Delta Vel, \Delta M, \Delta Vol, \Delta C\}$ 形式的向量成为模糊系统的输入。模糊系统的最终输出是一个标量响应值。我们的目标是，如果所有的差值都很小，就产生一个高的响应，表明该对象与目标特征非常相似。这些标准使该候选对象成为真正的对应特征的可能性很大。

训练数据的产生

为了从属性值差异中捕捉动态模式，我们首先创建符合正确跟踪结果的训练数据，然后用它来学习模糊系统的参数。在训练期间，系统将首先学习GMF的参数。为了对输出函数进行建模，需要进行最小二

乘估计（LSE）。LSE的系数将使用训练数据来学习。

数据的几个有代表性的特征会被选择出来，并随着时间的推移被人工跟踪。在标记特征时，每个时间步长的所有分割特征都是可视化的，通过视觉检查可以很容易地选择正确的相应特征。在标注过程中，每个代表的特征都被跟踪了10~15个时间步长，以收集所需的训练数据。请注意，每个时间步骤都有一组候选对象，只有其中一个能给出正确的对应关系。我们在每个时间步长中对每个候选物体的四个属性 {ΔVel, ΔM, ΔVol, ΔC} 进行测量。由于我们知道特征的真实值，我们为正确的对应特征的输出变量分配一个高响应值（0.9），而为所有其他对象的输出变量设置一个低响应值（0.1）。这就产生了一个五维标签的训练数据（4个属性成分加上指定的标量响应）。

GMF 参数的估计

得到五维标记的训练数据后，其可以被划分到几个聚类中，每个聚类对特征的特定行为模式进行建模。例如，所有输入属性都非常低而输出属性很高的聚类将代表具有很高机会成为目标特征的对象组。这样的聚类可以正式建模为以下形式的模糊规则：IF（前提）THEN（结果）。对于我们的特征跟踪应用程序，这样一个基于预测的模糊规则可以写成：IF（DVel is LOW and DM is LOW and DVol is LOW and DC is LOW）THEN output is HIGH。类似地，输入值高而输出值低的另一个聚类可以转换为：IF（DVel is HIGH and DM is HIGH and DVol is HIGH and DC is HIGH）THEN output is LOW。为了提取这样的动态规则，我们首先对这个五维训练数据应用模糊 C 均值 (FCM) 聚类算法。Pal等人[12]证明了这种FCM在提取模糊聚类方面的效率。给定 $\mathcal{X} = \{x_1, x_2, \cdots, x_n\}$（$n$ 为数据点的

数量）作为FCM的输入，该算法通过最小化目标函数，产生一组中心点 $\mathcal{V} = \{v_1, v_2, \cdots, v_c\}$（$c$ 是聚类的数量）和维度为 $c \times n$ 的隶属矩阵 $\mathcal{M}$ [11]。该隶属矩阵的 m_{ik} 元素表示第 i 个聚类中第 k 个数据点的隶属度。如前所述，从 FCM 获得的每个聚类中心都代表了特征的一种行为模式。形式（ΔVol 为低）的规则中每个子规则的满足程度由其关联的 GMF 估计。从 FCM 获得的每个簇的估计中心点为相应 GMF 均值的合适选择，并且每个 GMF 的标准偏差是按照 Ross[11] 和 Pal[12] 等人的建议计算的。

置信度引导特征跟踪

给定 GMF，我们讨论模糊系统的推理技术以及如何使用它跟踪新特征。在这里，我们采用了广泛使用的 Takagi-Sugeno FRBS (TS-FRBS)，它已被证明在动态系统建模方面是有效的[11]。TS-FRBS 中的输出响应被建模为输入变量的线性函数。此输出的值表示系统对测试输入的置信度。形式上，给定一个特定的输入属性向量 $(x_1, \cdots, x_q)$ 和一组模糊规则 R^j（$j=1, 2, \cdots, c$），其中 c 是规则的数量，q 是属性的数量，输出推断如下。首先，使用每个规则测试输入并计算匹配度，称为该规则对输入的启动强度。第 j 个规则的启动强度 α^j 计算为：

$$\alpha^j = \mathrm{GMF}_1^j x_1^j \wedge \mathrm{GMF}_2^j x_2^j \ldots \wedge \mathrm{GMF}_q^j x_q^j \qquad (2)$$

其中 GMF_1^j, GMF_2^j, $\cdots$, GMF_q^j 是式（1）中第 j 条规则中描述的形式的 GMF，$\wedge$ 是模糊 T- 范数合取算子[11]，我们使用乘法作为连接算子来连接每个规则中的子句。通过使用模糊连接算子，结合每个特征属性子句的贡献，启动强度直观地估计了规则 R^j 对给定输入的匹配程度。因此，如果输入中的大多数子句在规则中得到了强烈的满足，则该规则对输入的启动强度

将会很高。现在，由于输出变量 y^j 是输入变量的线性函数，所以输出函数 $\psi(\cdot)$ 可以表示为

$$o^j = \psi\left(x_1^j, \ldots, x_q^j\right) = \beta_0^j + \beta_1^j \cdot x_1^j + \cdots + \beta_q^j \cdot x_q^j \quad (3)$$

其中，β_0^j, β_1^j, $\cdots$, β_q^j 是线性函数 $\psi(\cdot)$ 的系数。然后，从特定输入 $x_1, \cdots, x_q$ 的 c 规则中推断出的最终输出响应 $\mathcal{O}$，被赋予所有 o^j 值的平均值，按其启动强度加权，可表示为

$$\mathcal{O} = \left(\sum_{j=1}^{c} \alpha^j \cdot o^j\right) \Big/ \left(\sum_{j=1}^{c} \alpha^j\right) \quad (4)$$

给定 GMF 参数和从属性差异值生成的训练数据，通过对训练数据的优化来计算参数 β_0^j, β_1^j, $\cdots$, β_q^j，并且如 Pal 等人所述[12]，其优化可简化为线性 LSE 问题。因此，在每个时间步长，可以使用该 TS-FRBS 评估提取的候选对象，并将产生最大输出响应的对象识别为相应的连续特征，这个过程随时间重复。算法1提供了所提出的跟踪算法的详细伪代码。

使用合成数据的模糊系统图示

在图 1 中，我们使用合成的双变量二维数据集说

算法 1. 具有不确定性估计的基于 TS-FRBS 推理的特征跟踪算法

输出 1: 所有时间步长的全部跟踪特征的列表。
输出 2: 全部对象的所有时间步长的置信度分数列表。
初始化:
start time = t_0
end time = t_n
conf_TH = 用户指定的置信值
t f = 用户选择跟踪的目标特征
for $t \leftarrow t_0$ to t_n do
  $\{o_1, o_2, .., o_k\}$ = 使用现有的特征提取算法在时间 t 提取候选对象。
  confidence_scores = []
  for $o_i \leftarrow o_1$ to o_k **do**
    $o_i^{\text{att\_diff}}$ =
      Comp_$\{attr\}$_$\{diff\}$ $(o_i; \; tf)$
    c = $TSFRBS$ $(o_i^{att-diff}$, tf)
    confidence_scores.append(c)
max_score, matched_fid = Find_best_match
(confidence_scores)
if max_score < conf_TH **then**
  调查发展中事件的时间步长。
else
  tf = feature(matched_fid)
  持续追踪 tf 直至下一步。

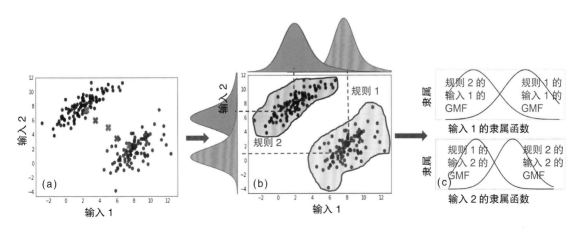

图1   使用二维双变量数据演示模糊规则估计方案。生成两条规则，每种颜色显示一条规则。表 1 中的五个测试点在 (a) 中使用红色十字表示

明了这个模糊系统的工作原理，这个数据集是通过从两个分别以（2,8）和（8,2）为中心的二维多变量高斯分布中随机抽样得到的[见图1（a）]。这样就产生了一个三元组训练数据，并构建了两个聚类，即两个模糊规则。每种颜色代表图1（c）中的一个模糊规则。

表1展示了五个测试点的测试结果，以演示该算法的功能。选择这些点，使得第一个点接近（2,8），最后一个点接近（8,2），其余的点在两者之间。我们看到，第一个点的输出为0.1096，接近于零，而第五个点的输出接近于1。与两个聚类中心距离相等的点产生的输出为0.5136。这个点可以被认为是一个不确定的观察，因为模糊系统无法产生一个高置信度。对于这样的情况，当硬分类不合适的时候，使用模糊系统可以让我们做出一个置信度驱动的决定。

表1	几个测试点的结果以展现 FRBS 的工作	
数据点id	输入测试点	生成的输出反馈
1	(2.5, 7.5)	0.1096
2	(3.5, 6.0)	0.3084
3	(5.0, 5.0)	0.5136
4	(6.0, 3.5)	0.7125
5	(7.5, 2.5)	0.9176

结果

在生成基于规则的系统时，规则的数量通常是根据应用需求来选择的[1, 2]。在我们的例子中，我们发现 3 到 5 条规则通常足以捕捉特征动态。我们选择对两个数据集使用三个规则以获得一致的结果。在置信值上设置阈值以标记潜在合并/拆分事件的特征。对于所有实验，这个阈值都设置为 0.7 的高值。当置信值降至 0.7 以下时，将进一步研究这些时间步长中的特征以了解进化事件。所有实验均在配备 3.1 GHz

四核 Intel Core i7 处理器和 16 GB 内存的 MacBook Pro 上完成。训练和测试代码都是持续运行的。

在涡流数据集中进行跟踪

涡流数据是相干涡流核心的伪谱模拟。该数据集的空间分辨率为 128×128×128，时间步长为 30。标量变量是涡度大小。这些特征被识别为具有分割标准的分割区域：标量值≥7.0（高涡度）。每个连接的组件被视为一个单独的特征。训练数据是通过在 10 个时间步长中手动跟踪一个有代表性的涡流而产生的，每个对象的四个属性都被计算出来。对于正确的相应特征，分配一个 0.9 的置信度值，对于所有其他的对象则设置为 0.1。

产生的模糊系统由图 2（a）所示的三个规则组成。训练集包括 88 个数据点，需要 10.48 秒来训练模糊系统。每条规则用不同的颜色表示，并有四个 GMF，每个特征属性对应一个 GMF。我们观察到，规则 2（蓝色），捕捉了低值特征属性的差异，对与目标特征相似的对象进行建模。因此，当使用式（4）计算最终输出时，这一规则将贡献最大。其他两条规则（绿色和蓝色）将为与目标特征不相似的对象做出贡献，并产生一个低置信度的分数。

图 3（顶部）显示了涡旋特征的跟踪结果。跟踪算法平均每个时间步长需要 0.54 秒来检测正确的相应特征。追踪结果经过人工验证，以确保所提方法的正确性。此外还将提供了一个视频，显示所有时间步的跟踪。跟踪图（顶部）显示了整体跟踪动态。在 t=10 时选择的目标特征被一致跟踪 15 个时间步长。在跟踪图中，从每个时间步中提取的对象垂直堆叠，时间步水平放置。每个节点代表一个特定时间步长的对象，节点颜色和大小显示模糊系统推断的跟踪置信

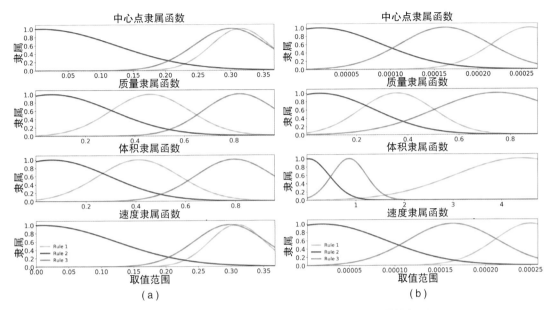

图2 涡流数据（a）和MFiX-Exa数据（b）的隶属函数。每种颜色代表一种模糊规则

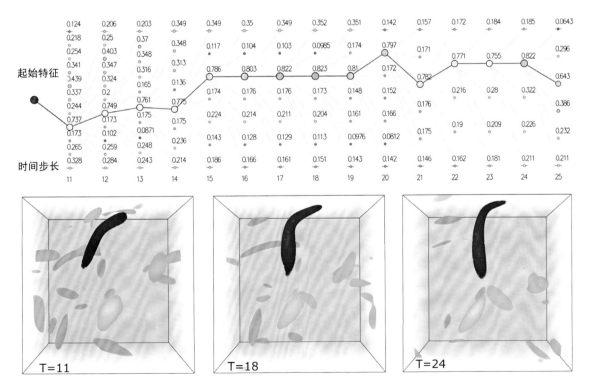

图3 涡流数据集的特征跟踪结果。顶部为追踪的时间窗口的置信度引导的追踪图。注意在 $t=25$ 时，置信度下降到0.7以下，表明发生了特征分裂。底部为在三个不同的时间步长中的追踪特征图

度值。随着时间的推移，图中的红线连接了正确的相应对象，因为它正在被可靠地跟踪，并且在每个时间步中该对象的置信度得分最高。该图还显示了在每个时间步跟踪期间其他测试对象的匹配置信度值，以便可以研究模糊跟踪算法的整体可靠性和动态性。在 $t=25$ 时，最大置信度得分为 0.643（小于预定义阈值 0.7），因此时间步长被进一步研究，并发现了一个分裂事件。图 3（底部）显示了三个不同时间的跟踪特征（红色）的空间体积可视化，以及所有其他存在的候选对象（绿色）。请注意，随着特征的位置和形状随时间变化，所提出的模糊系统能够以高置信度正确跟踪目标特征。

在 MFiX–EXA 数据集中跟踪

我们的第二个案例研究使用从 MFiX-Exa 生成的数据，MFiX-Exa 是一种多相流模拟代码 (amrex-codes. github.io/MFIX-Exa)，用于研究化学循环反应器流化床中的反应。在本文中，我们使用了粒子密度场。此密度数据中的一个重要现象是气泡的形成，这通常反映了低密度区域。气泡检测算法将气泡特征识别为密度非常低的连接区域。所用密度场的空间分辨率为 $128 \times 16 \times 128$。由于仿真数据随时间变化缓慢，模拟数据在每 100 次迭代时被存储，以减少总体存储量，从而产生 408 个时间步长。由于我们的跟踪方法不需要重叠标准，因此非常适合这种稀疏时间采样的数据集。

我们选择了两个有代表性的气泡，并对其进行人工跟踪，以产生训练数据。三个规则的模糊系统如图 2（b）所示。训练集由 90 个点组成，训练时间为 22.68 秒。和以前一样，规则 2（蓝色）捕捉了低值的特征属性差异，代表与目标特征非常相似的物体。

我们使用这些模糊规则来跟踪数据集中的气泡，发现跟踪一个气泡平均每个时间步长为 0.1225 秒。为了进一步研究该技术在只有稀疏采样的时间步长时的有效性，我们每隔 4 个时间步长（即每隔 400 次模拟迭代快照）就向系统输入一次。图 4 显示了从第 19300 步开始的一个选定的气泡的跟踪图。所提出的技术即使对于稀疏采样的时间步长，也能正确地追踪到气泡。图 4（底部）显示了三个代表性时间步骤的空间体积可视化。所有其他的气泡图都以黑色显示，而被追踪的气泡则以红黄色突出显示。在跟踪图中，我们观察到在 $t=23800$ 时，置信度分数下降到置信度阈值（0.7）以下。进一步的调查显示，该气泡与另一个气泡合并，导致了低可信度值。

讨论与总结

本文所提出的跟踪算法的关键优势在于，它不需要一套用户指定的硬阈值来检测特征属性之间的对应关系。早期的基于属性的技术依靠的是基于多阈值的对应检测。我们提出的方法通过消除这些预设阈值的要求，扩展了这类算法的鲁棒性，在不同的数据集上使用一致的、可解释的置信度分数。实验表明，所提出的技术可以用在空闲的时间采样数据集上，而且不需要特征重叠。然而，我们发现，随着时间步长变得更加稀疏，模糊系统会产生错误的对应关系。我们在两个具有挑战性的数据集上测试了所提出的系统，并展示了有希望的跟踪结果。

本文的一个潜在限制是，该技术只能以高置信度自动检测特征延续事件。对于特征分裂/合并，这种事件的正确分类需要用户互动。因此，在未来，我们计划扩展我们的技术来自动检测这些事件。此外，我们还计划在系统中加入更多的特征属性，探索其他混

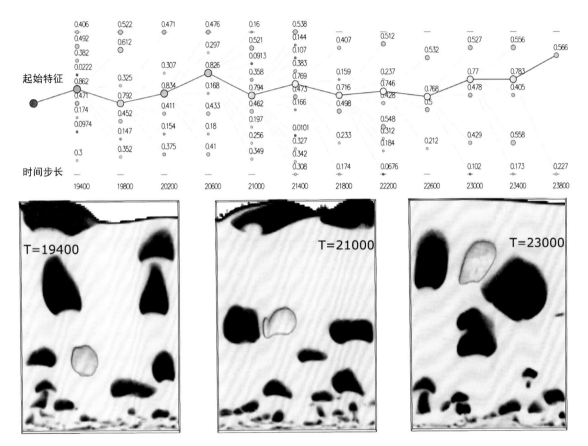

图4　顶部为MFiX-Exa数据集的特征跟踪结果。其显示跟踪时间窗口的置信度引导跟踪图。在 t=23、t=800 时，置信度值降至 0.7 以下，表明发生了特征合并。底部为特征在三个不同时间步长的变化

合模型作为模糊化的基础，并研究所提出的用于原位跟踪特征的模糊系统的通用性。

致谢

这项工作得到了美国能源部和洛斯阿拉莫斯国家实验室的部分支持。这项工作也得到了 Exascale 计算项目（17-SC-20-SC）的部分支持，该项目由美国能源部科学办公室和国家核安全管理局合作开展，在LA-UR-20-28907 下发布。

参考文献

[1] G. Ji and H.-W. Shen, "Feature tracking using earth mover's distance and global optimization," in *Proc. Pacific Graph.*, 2006, pp. 1–10. [Online]. Available: http://web.cse.ohio-state.edu/~shen.94/papers//Ji2006a.pdf

[2] R. Samtaney, D. Silver, N. Zabusky, and J. Cao, "Visualizing features and tracking their evolution," *Computer*, vol. 27, pp. 20–27, 1994.

[3] D. Silver and X. Wang, "Volume tracking," in *Proc. Vis. Conf.*, 1996, pp. 157–164.

[4] F.Reinders, F. H. Post, andH. J.W. Spoelder, "Attributebased feature tracking," in *Proc. Data Vis.*, 1999, pp. 63–72.

[5] S. Dutta and H. Shen, "Distribution driven extraction and

关于作者

Oumya Dutta 美国北卡罗来纳州洛斯阿拉莫斯国家实验室科学家。研究兴趣包括原位数据分析和特征探索、机器学习和统计数据建模、不确定性量化，以及时变数据探索。2018年在美国俄亥俄州哥伦布市俄亥俄州立大学获得计算机图形和可视化博士学位。本篇文章的通讯作者。联系方式：sdutta@lanl.gov。

Terece L. Turton 美国北卡罗来纳州洛斯阿拉莫斯国家实验室科学家。目前的研究兴趣包括超大规模模拟的原位工作流程、科学可视化和用户评估。1993年获得美国密歇根大学安阿伯分校物理学博士学位。IEEE和IEEE计算机协会成员。联系方式：tlturton@lanl.gov。

James P. Ahrens 美国北卡罗来纳州洛斯阿拉莫斯国家实验室的高级科学家。研究兴趣包括大规模数据分析和视觉化。1996年在美国华盛顿州西雅图华盛顿大学获得计算机科学博士学位。IEEE和IEEE计算机协会成员。联系方式：ahrens@lanl.gov。

tracking of features for time-varying data analysis," *IEEE Trans. Vis. Comput. Graph.*, vol. 22, no. 1, pp. 837–846, Jan. 2016.

[6] D. Silver and X. Wang, "Tracking and visualizing turbulent 3d features," *IEEE Trans. Vis. Comput. Graph.*, vol. 3, no. 2, pp. 129–141, Apr. 1997.

[7] H. Saikia and T. Weinkauf, "Global feature tracking and similarity estimation in time-dependent scalar fields," *Comput. Graph. Forum*, vol. 36, no. 3, pp. 1–11, 2017.

[8] C. Muelder and K.-L. Ma, "Interactive feature extraction and tracking by utilizing region coherency," in Proc. *IEEE Pacific. Vis. Symp.*, Apr. 2009, pp. 17–24.

[9] A. Schnorr, D. N. Helmrich, D. Denker, T. W. Kuhlen, and B. Hentschel, "Feature tracking by two-step optimization," in Proc. *IEEE Trans. Vis. Comput. Graph.*, vol. 26, no. 6, pp. 2219–2233, Jun. 2020.

[10] V. Melnykov and R. Maitra, "Finite mixture models and model-based clustering," *Statist. Surv.*, vol. 4, pp. 80–116, 2010.

[11] T. Ross, *Fuzzy LogicWith Engineering Applications.* Hoboken, NJ,USA:Wiley, 2004.

[12] N. Pal, V. Eluri, and G. Mandal, "Fuzzy logic approaches to structure preserving dimensionality reduction," *IEEE Trans. Fuzzy Syst.*, vol. 10, no. 3, pp. 277–286, Jun. 2002.

（*本文内容来自Computing in Science & Engineering, Mar./Apr. 2021*）**Computing** -SCIENCE|ENGINEERING-

应用元级论辩框架来支持医疗决策

文 | Nadin Kokciyan　爱丁堡大学信息学院
　　Simon Parsons　林肯大学农业食品技术研究所
　　Elizabeth Sklar　林肯大学农业食品技术研究所
　　Sanjay Modgil　伦敦国王大学信息学系
　　Isabel Sassoon　布鲁内尔大学计算机科学系
译 | 涂宇鸽

为了做出明智的决策，人们越来越依赖基于人工智能的支持系统（decision-support systems，DSS）。但在缺乏证据支持和合理化 DSS 时，采用这一方法又是具有挑战性的。由于医学领域非常复杂、数据庞大，手动处理具有难度，DSS 在该领域有着广泛的应用。本文提出了一个基于元级论辩的决策支持系统，该系统可以结合做出决策的受益人的偏好，对异构数据（如身体测量、电子健康记录、临床指导）进行推理。该系统还为其建议构建了基于模板的解释。该框架已被应用于中风患者支持系统，其功能在先期研究中得到了测试。用户反馈表明，该系统能够长期有效运行。

人工智能（artificial intelligence，AI）具备协助人们做出明智决策的巨大潜力。在决策支持系统中，人工智能可以提出一系列建议，由人类做出最终决定。然而，当我们不清楚 AI 给出这些建议的理由时，做出最终决定也会变成一项艰巨的任务。我们重点研究的是医疗保健领域的决策制定。在这个领域，DSS 能够有效发挥两个作用：第一，DSS 可以突出医疗人员决策的关键因素，节省宝贵的时间；第二，DSS 可以为患者提供详细的常规信息，补充（人类）临床医生的治疗计划。因此，DSS 可以帮助患者进行自我健康管理，改善健康状况。

通过对患者和医疗保健人员的焦点小组访谈[1]，我们确定了 DSS 的三个利益相关标准：

（1）DSS 应代表来源不同的信息（如健康传感器提供的血压读数）。

（2）DSS 应在其决策中考虑受益者的偏好（如患者对某种治疗方法的偏好）。

（3）DSS 应解释其提出的建议（如建议使用特定止痛药的理由）。

图1提出了一个满足标准的、可用于不同领域的

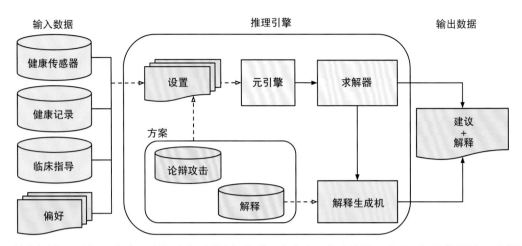

图1 特定领域DSS的通用框架，数据由各种信息源提供。方案表示构建论辩、攻击、解释的模板。形式语言根据设置对知识进行编码。元引擎根据设置构建MAF。求解器评估框架、计算建议。解释生成机根据解释方案，为建议构建文本解释

DSS架构。输入数据层涵盖了多个信息源，可以提供实时的数据流（如健康传感器）或静态数据（如有关疾病或症状建议的临床指导）。它可以根据相关领域的特定需求，将受益者偏好集成到系统中。例如，利益相关者可以通过与系统交互告知偏好，已知的偏好也可以被嵌入到系统中。

我们使用计算论辩[2]作为通用框架的推理机制。论辩方法在人工智能和多智能体系统中有着广泛的应用。其中，支持或反对特定结论的论据被称为证据。我们使用能够增强系统的元级论辩框架（metalevel argumentation frameworks，MAF）[3]，编码、推理了偏好和攻击间存在冲突的基本原理和论辩关系。推理决策信息通常不适合使用对象级的论辩方法。换句话说，标准（对象级）论辩框架尽管包括了攻击和偏好，但它一般无法对其进行推理，MAF则克服了这一限制。

推理机将输入数据层提供的数据翻译为选定的形式语言，并保存为设置。元引擎处理规范，构建支持操作的MAF，同时使用方案存储库中的知识。这个存储库提供特定域的信息，比如如何构建论辩、攻击、解释等。求解器评估MAF中"胜出"或"合理"的论辩，提出建议，为解释生成器提供解释。

以下是框架在CONSULT项目（多疾病协作移动决策支持系统，http://consultproject.co.uk）中的应用实例。本文将通过实例，对框架可用性和接受度进行评估。

背景

论辩框架（argumentation framework，AF）是一个有向图（directed graph），由与攻击（图的边缘）关联的论辩（图的节点）组成，表示论辩间存在互驳关系[4]。选定语义对AF进行评估，从而识别一个或多个可接受（合理）的论辩。在基于偏好的AF（preference-based AF，PAF）[5]中，我们通过排序偏好，可以识别一个论辩何时能够成功攻击（即"击败"）另一个论辩。如果攻击论辩优先于目标论辩，则代表攻击成功。扩展AF（extended argumentation framework，EAF）[6]可以合并处于优先地位的论辩，推理可能存在冲突的偏好。就对象级AF中的论辩状态和关系（如合理的、被拒的、失败的、偏好的）而言，MAF[3]对相关讨论实现了形式化。

我们使用MAF的原因如下：

（1）对象级AF默认给定的偏好排序优先于论辩。除此之外，评估EAF的语义可接受性比标准AF更复杂，如果要应用它们，我们还需要开发新算法。

（2）对象级 AF 对攻击的定义方式不同。例如，冲突决策项的论辩相互攻击，但可能并非所有利益相关者都同意这一事实。在 MAF 中，对象级 AF 中攻击的基本原理以元论辩的形式体现，因此，它可以挑战任何特定攻击的基本原理。

（3）MAF 提供了可以编码一系列对象级 AF（不只包括 PAF 和 EAF）的通用统一形式。

部分先前研究也使用了论辩支持医疗决策，与本研究密切相关。Cyras 等人[7]正在开发一个基于论辩的 DSS，使用转换医疗建议模型表示相互冲突的临床指导，将医疗记录和偏好等其他数据映射到正式语言。Glasspool 等人[8]提出了一个基于论辩的计划支持系统，帮助患者探究不同的治疗方案。该系统预先定义了支持论辩和反对论辩，并将其告知患者。ArguEIRA[9]是一种临床 DSS，旨在检测患者对药物的异常反应。还有一部分研究侧重于使用对话系统协助人类决策。Tolchinsky 等人[10]提出，医生可以利用特定领域的论辩方案，讨论器官移植的可行性。Yan 等人[11]介绍了用于诊断痴呆症的论辩 DSS，这种 DSS 通过可能性逻辑来处理不确定和不一致的数据。与上述工作不同，对于通常不属于话语域决策信息推理，我们使用 MAF 进行适应。我们使用静态或动态数据，正式呈现了论辩、攻击、解释内部结构的实例。所以，我们可以自动构建建议和解释，并对其进行动态询问。

另有部分研究根据知识库（knowledge base，KB）更新来升级现有的 AF。一些研究使用了信念修正技术（如 Falappa 等人[12]），另一些向现有抽象 AF（如 Cayrol 等人[13]）或结构化论辩 AF 添加新论辩，观测其影响[14]。我们则考虑动态数据的当前状态，从头开始生成 MAF。更新现有 MAF 是未来提高应用程序性能的重要探索方向。

CONSULT 系统

CONSULT 系统是图 1 所示框架的实例，用于帮助中风患者更好地与医疗人员合作，进行自我健康管理，遵守制定的治疗计划。框架旨在满足这个需求。项目团队中的医疗人员评估了系统提出的建议和对患者的解释。

数据输入

健康传感器负责提供患者健康论辩、生命体征的实时数据。我们使用传感器收集了心率、心律、血压的数据。患者的电子健康记录（electronic health record，EHR）详细记录了其病史。临床指导是由医疗机构发布的正式文件。我们遵循了 NICE 发布的英国高血压治疗指南 NG136（https://www.nice.org.uk/guidance/ng136）和国民健康服务（National Health Service，NHS）的线上公开建议（如止痛药建议等）。

CONSULT 系统还考虑了利益相关者的偏好。例如，患者可以在与系统交互时表明对止痛药的偏好。这些偏好信息可用于提供个性化建议。

临床指导决定了 CONSULT 系统处理健康传感器原始数据的方式。例如，NG136 建议患者每天至少应进行两次动态血压监测（ambulatory blood pressure monitoring，ABPM）；在发出警报前，系统应至少收集 14 次白天测量的 ABPM 值。CONSULT 系统根据这些临床信息计算 ABPM 白天平均值，然后将其传输到推理引擎进行进一步处理（表 1 中的第 29~30 行）。同时，我们通过个性化算法，将患者的病史和偏好映射到推理引擎的正式语言中。值得注意的是，将临床指导形式化是一件困难的工作，研究者应与该领域专家一起完成这项工作。DSS 使用结构化的方式，表示和推理来自各种信息源的异构数据（同时推断更多数据），并提出建议。

知识表示

我们使用一阶逻辑（first-order logic，FOL）表示存储在 KB 中的事实和规则数据。FOL 足以表示 NG136 和 NHS 的建议，这些建议描述了我们实例中的治疗方法 [其他应用可能需要使用能表示时间信息和不确定性的语言，也可能需要使用这些更复杂的语言构建论辩（Yan 等人[11]和 Fox 等人[15]）]。

表 1 描述了知识库的部分视图。我们使用的语言由一元和二元谓词（predicates）组成，大写字母表示变量，斜体表示谓词，小写字母表示常量。例如，一元谓词 *action*（ccb）表示 ccb 是一个动作；二元谓词 *age*（P，A）表示患者 P 的年龄为 A，其中 P 和 A 为实际值。每条规则的形式都是 *head : - body*，如果先行 *body* 成立，则后续 *head* 成立。*head* 由一个谓词组成，*body* 由谓词结合而成。知识库中的每个事实和规则都有 x_i 形式的标签。

设置

EHR 数据提供 *ethnic_origin*（种族_血统）或 *age*（年龄）等信息。高血压指南根据这些信息提供治疗建议。例如，当一个人超过 55 岁，或为非裔/加勒比裔时，医护人员可能采用 ccb 疗法（除非 ccb 不适用于该个体）。在以下案例中，患者和全科医生（general practioner，GP）讨论了治疗方案的选择。

【示例 1】Jane 现年 60 岁，女性，有中风病史，患有高血压。Jane 的病历表明她不应该使用 ccb 疗法。

以下为推理引擎呈现的 Jane 的病历：患者（jane）、年龄（jane，60）、not_tolerates（jane，ccb）、subjects_from（jane，高血压）。建议处理了规则 $h_1 \sim h_6$（见表 1

第 2~9 行）。由于 ccb 对 Jane 不适用，唯一可用的是 h_4 推出的噻嗪。此示例展示了引擎给出临床指导（如 NG136）、建议治疗方法、支持患者和医疗人员决策的过程。NHS 网站是另一类医疗资源，它针对特定情况或症状提出建议。例如，当患者背痛时，可以考虑使用布洛芬或萘普生（除非因特定病史不适用）。我们在规则 $n_1 \sim n_2$ 中提及了这一点（见表 1 第 10~12 行）。

我们应用了目标驱动的推理，为达成目标提供建议疗法。例如，如果患者患有高血压，则目标为降低血压（reducing blood pressure，rbp）；如果患者有背痛，则目标为减轻疼痛（reducing pain，rp）（规则 $g_1 \sim g_2$）。谓词关联了指南中定义的行动和目标（事实 $f_1 \sim f_4$），如使用 ccb 促进目标 rbp、使用布洛芬促进目标 rp 等。

方案

作为常见推理模式的模板，论辩、攻击、解释方案关联前提与结论，这些都可以用 FOL 表示为句子。每个句子都包含变量，由 KB 进行实例化。方案存储库保存了这些特定域的方案。我们将它们标为规则，同时保留论辩的内部结构。形式上，每个方案规则由规则主体、谓词连接（方案前提）、形式为 a（*sname*（P，c））的规则头部组成，其中 "a" 代表论辩，*sname* 是方案名称，P 是规则主体中使用的谓词集，c 是方案的结论。

表 1 描述了 s_1、s_2、s_3 三个方案规则。建议疗法的论辩方案（Argument Scheme for a proposed treatment，ASPT）[17]用于构建论辩、支持达成特定目标的行动。s_1 代表 ASPT。在示例 1 中，应用规则 g_1、f_2、s_1 产生论辩 A_1：a(aspt([*goal*(rbp), *action*(thiazide), *promotes*(thiazide, rbp)], *action*(thiazide)))。

以下示例中，ASPT 的建议为一种止痛药。

| 表1 | KB 的部分视图，信息来源为高血压指南 NG136 和 NHS 网站。方案将静态数据（如指南）和动态数据（如传感器数据）实例化，在此基础上生成参数 |

1	**Actions**
2	# NG136 Hypertension guideline – ccb is an option for people aged over 55, or African/Caribbean of any age Step 1.
3	h_1: action(ccb) :- patient(P), age(P, A), A>55, not not_tolerates(P, ccb).
4	h_2: action(ccb) :- patient(P), ethnic_origin(P, african), not not_tolerates(P, ccb).
5	h_3: action(ccb) :- patient(P), ethnic_origin(P, caribbean), not not_tolerates(P, ccb).
6	# thiazide becomes an option when ccb is not tolerated.
7	h_4: action(thiazide) :- patient(P), age(P, A), A>55, not_tolerates(P, ccb).
8	h_5: action(thiazide) :- patient(P), ethnic_origin(P, african), not_tolerates(P, ccb).
9	h_6: action(thiazide) :- patient(P), ethnic_origin(P, caribbean), not_tolerates(P, ccb).
10	# NHS Recommendations NSAIDS – ibuprofen and naproxen are two painkillers.
11	n_1: action(ibuprofen) :- patient(P), not not_recommend(P, ibuprofen).
12	n_2: action(naproxen) :- patient(P), not not_recommend(P, naproxen).
13	**Goal Mapping**
14	# If the patient suffers from hypertension, the goal is reduce blood pressure (rbp).
15	g_1: goal(rbp) :- suffers_from(P, hypertension).
16	# If the patient suffers from backpain, the goal is reduce pain (rp).
17	g_2: goal(rp) :- suffers_from(P, backpain).
18	**Action - Goal Mapping**
19	# ccb and thiazide are two actions that promote the goal rbp.
20	f_1: promotes(ccb, rbp).
21	f_2: promotes(thiazide, rbp).
22	# ibuprofen and naproxen are two actions that promote the goal rp.
23	f_3: promotes(ibuprofen, rp).
24	f_4: promotes(naproxen, rp).
25	**Argument constructed according to schemes**
26	# If there is an action that promotes a goal, an ASPT argument is constructed.
27	s_1: a(aspt([goal(G), action(A), promotes(A, G)], action(A))) :- goal(G), action(A), promotes(A, G).
28	# If systolic and diastolic measurements are in a certain range, an amber alert argument is constructed.
29	s_2: a(amber([systolic(P, S),'<150', '>134'], flag(amber))) :- systolic(P, S), S<150, S>134.
30	s_3: a(amber([diastolic(P, D),'<95', '>84'], flag(amber))) :- diastolic(P, D), D<95, D>84.

【示例2】Jane 背痛，需要止痛药。Jane 寻求 CONSULT 系统的建议。

当 Jane 与 CONSULT 系统交互时，推理引擎为其知识库添加了一个新事实：$suffers\_from$(jane, backpain)。根据 g_2 可推断出减轻疼痛（rp）的新目标。布洛芬和萘普生是两种可能的治疗方法（$n_1 \sim n_2$）。结合现有事实 f_3 和 f_4，s_1 将实例化两个 ASPT 论辩：A_2: a(aspt([$goal$(rp), $action$(ibuprofen), $promotions$(ibuprofen,rp)], $action$(ibuprofen))), A_3: a(aspt([$goal$(rp), $action$(naproxen), $promotes$(naproxen,rp)], $action$(naproxen)))。

如果血压读数超过高血压指南 NG136 中的正常范围，另一个方案 AMBER 会构建论辩进行警报。在表

1 中，s_2 和 s_3 表示 AMBER 论辩。

【示例3】Jane 使用血压计检查血压。CONSULT 系统在仪表板上显示读数［见图2（a）］。血压每周平均值为 142/86mmHg，略高于正常值。

推理引擎呈现信息如下：收缩压（jane, 142）、舒张压（jane, 86）。根据 s_2，Jane 的平均收缩压读数会触发 AMBER 论辩，实例化为：A_4: a(amber([$systolic$(jane, 142), "<150," ">134"], $flag$(amber)))。与之类似，s_3 将为 Jane 的平均舒张读数构建 AMBER 论辩。

元引擎和求解器

方案规则提供了自动构建对象级论辩的方法。元引擎使用我们开发的编码，将对象级论辩和攻击转换

（a）琥珀色仪表板为血压警报　　　　　　（b）聊天机器人中的警报对话框

图2　CONSULT 系统的两种视图

为 MAF[16]。这种编码可以与答案集编程（answer set programming，ASP）方法相结合，评估 MAF 中论辩的合理性。实现代码以及示例（包括本文中的三个示例）请见 https://git.ecdf.ed.ac.uk/nkokciya/metalevel-aspartix/。

表2展示了将对象级 AF 转换为 MAF 的 ASP 规则子集。在对象级，a(X) 和 r(a(X), a(Y)) 分别表示论辩 X、论辩 X 和 Y 之间的攻击关系。在元级，arg(A) 和 att(A, B) 分别表示元论辩 A、元论辩 A 和 B 之间的元攻击。规则 r_1~r_2 在元级为对象级论辩分配合理或否定状态，r_3 则将对象级攻击转换为失败元论辩。规则 r_4~r_6 在元论辩间生成元攻击。MAF 代表对攻击的偏好或攻击。例如，r_7~r_9 定义了 MAF 中包含首选项的语义。在 r_8 中，p(a(X), a(Y)) 表示 X 优先于 Y 的偏好，属于明确的元论辩。在示例2中，如果 Jane 比起萘普生偏好布

表2　将对象级 AF 转换为 MAF 的 ASP 规则子集[16]

r_1: $arg(justified(X))$	:- a(X)
r_2: $arg(rejected(X))$	:- a(X)
r_3: $arg(defeat(X, Y))$	:- r(a(X), a(Y))
r_4: $att(defeat(X, Y), justified(Y))$	:- $arg(defeat(X, Y))$, $arg(justified(Y))$
r_5: $att(rejected(X), defeat(X, Y))$	:- $arg(defeat(X, Y))$, $arg(rejected(X))$
r_6: $att(justified(X), rejected(X))$	:- $arg(justified(X))$, $arg(rejected(X))$
r_7: $att(prefer(X, Y), prefer(Y, X))$	:- $arg(prefer(X, Y))$, $arg(prefer(Y, X))$
r_8: $arg(prefer(X, Y))$	:- p(a(X), a(Y))
r_9: $att(prefer(X, Y), defeat(Y, X))$	:- $arg(prefer(X, Y))$, $arg(defeat(Y, X))$

洛芬，那么这种偏好可以表示为 p(A_2, A_3)。规则 r_7 确保在两个冲突的偏好元论辩之间存在元攻击。支持 X 的偏好元论辩存在时，任何对 X 的攻击都将根据 r_9 进行。

示例3在元级演示了本文方法，现让我们专注于示例3。我们的编码将 A_4 转换为两个元论辩：M_1: arg(justified(amber([systolic(jane, 142), "<150," ">134"], flag(amber))))，M_2: arg(rejected(amber([systolic(jane,142), "<150," ">134"], flag(amber))))。r_6 生成从 m_1 到 M_2 和 D_1 的元攻击：att(justified(amber([systolic(jane，142)，"<150，" ">134"]，flag(amber)))，rejected(amber([systolic(jane，142)，"<150，" ">134"]，flag(amber))))。由此产生的 MAF 可以表示为：⟨ {M_1, M_2}, {D_1} ⟩。

我们使用 DLV [http://www.dlvsystem.com/dlv/] 作为 ASP 求解器，计算基础语义（生成合理论辩的可接受性语义）下的扩展。推理引擎对构建的 MAF 进行评估，并反馈一组合理的元论辩。在示例3中，有一个合理的元论辩 M_1 不受任何元论辩攻击。

解释生成器

上述步骤后由解释生成器处理结果。解释生成器可以访问一组解释方案，并生成半结构化解释[18]。如果一个论辩存在解释方案，生成器也会生成文本解

释。例如，根据方案〈AMBER，"患者 {*P*} 的收缩压测量值为 {*S*}，该值小于150且大于134，因此出示琥珀色标志"〉，文本解释中的变量（*P* 和 *S*）出现在合理的 AMBER 论辩中，因此被替换为实际值。在示例3中，解释生成器构建的解释为："患者 Jane 的收缩压测量值为142，该值小于150且大于134，因此出示琥珀色标志。"

建议和说明

CONSULT 系统是在安卓平板设备上运行的移动应用程序。图 2 展示了系统的两个视图。简单聊天机器人 [见图 2（b）] 与仪表板 [见图 2（a）] 相结合，向患者提供建议和解释。仪表板标记患者希望处理的问题，如图 2（a）中的琥珀色血压警报。通过仪表板，用户能够在具体情境中寻求建议、输入信息（如情绪跟踪），使他们的数据可视化。如示例 2，聊天机器人能够有针对性地支持用户的交互式访问。

先期研究

先期研究评估了两版 CONSULT 系统的可用性和接受度。一个版本只有仪表板，另一个版本加入了聊天机器人。我们招募了六名健康志愿者进行为期 7 天的实地混合方法研究。参与者一开始只使用前者或后者，然后在中途换用另一版。

先期研究要求参与者定期从健康传感器收集测量值（血压、心率、心电图），并输入数据（如情绪）。我们鼓励参与者与界面（仪表板、聊天机器人）进行交互。当参与者的血压升高时，如果参与者能够与聊天机器人互动，系统会显示警报并启动机器人对话。结果表明，参与者在使用 CONSULT 系统的一周里，可以在对话启动时与聊天机器人互动。

结论

本文提出的基于论辩的 DSS 可以推理异构数据（如临床指导提供的静态数据、传感器提供的动态数据），将用户偏好视为推理过程的一部分，提供对自动决策的文字解释。作为核心推理，MAF 提供了对象级 AF 和相关元信息的统一编码。作为实例，我们已在 CONSULT 系统中成功部署了该 DSS。先期研究证明，真人用户可以长期使用该系统。我们计划进一步开展两项用户研究计划，评估系统在临床方面的有效性，目前该计划已获伦理批准。第一项研究与先期研究类似，由中风患者使用 CONSULT 系统进行自我健康管理。第二项研究侧重于使用临床指导（如 NG136）知识进行推理，由全科专家组评估样本案例生成的建议。

致谢

本研究得到了英国工程与物理科学研究委员会（EPSRC）支持，资助编号：EP/P010105/1。

参考文献

[1] T. Porat et al., "Stakeholders' views on a collaborative decision support system to promote multimorbidity self-management: Barriers, facilitators and design implications," in *Proc. Amer. Med. Informat. Assoc. Annu. Symp.*, 2018.

[2] I. Rahwan and G. R. Simari, *Argumentation in Artificial Intelligence*. Berlin, Germany: Springer, 2009.

[3] S. Modgil and T. Bench-Capon, "Metalevel argumentation," *J. Log. Comput.*, vol. 21, no. 6, pp. 959–1003, 2011.

[4] P. M. Dung, "On the acceptability of arguments and its fundamental role in nonmonotonic reasoning, logic programming and n-Person games," *Artif. Intell.*, vol. 77, no. 2, pp. 321–358, 1995.

[5] L. Amgoud and C. Cayrol, "A reasoning model based on the production of acceptable arguments," *Ann. Math. Artif. Intell.*, vol. 34, no. 1-3, pp. 197–215, 2002.

[6] S. Modgil, "Reasoning about preferences in argumentation

关于作者

Nadin Kokciyan 英国爱丁堡大学信息学院人工智能讲师，伦敦国王学院信息学系访问研究员。主要研究方向为人工智能技术开发和多智能体系统决策。获土耳其海峡大学计算机工程博士学位。联系方式：nadin.kokciyan@ed.ac.uk。

Isabel Sassoon 英国布鲁内尔大学计算机科学系讲师，伦敦国王学院信息学系访问研究员。研究兴趣包括数据驱动的自动推理和建模，模型透明度和可解释性等。获伦敦国王学院信息学博士学位。联系方式：isabel.sassoon@brunel.ac.uk。

Elizabeth Sklar 英国林肯大学农业机器人学教授。曾在行业研究实验室担任十年软件工程师，20世纪90年代后期转向学术界。主要研究方向为多机器人和人机系统交互，包括通过论辩对话达成决策、构建证据、解释决策。获美国布兰迪斯大学博士学位。联系方式：esklar@lincoln.ac.uk。

Sanjay Modgil 英国伦敦国王学院人工智能准教授、推理与规划小组负责人。研究兴趣包括基于逻辑的论辩和对话模型、有限资源条件下的理性、人工智能伦理学。获英国帝国理工学院逻辑学博士学位。联系方式：sanjay.modgil@lkcl.ac.uk。

Simon Parsons 英国林肯大学人工智能和机器学习教授，从事人工智能研究逾三十年。研究主要涉及复杂环境中的决策制定，尤其是使用计算论辩的数据驱动方法。获英国伦敦玛丽女王大学博士学位。联系方式：sparsons@lincoln.ac.uk。

frameworks," Artif. Intell., vol. 173, no. 9, pp. 901–934, 2009.

[7] K. Cyras et al., "Argumentation for explainable reasoning with conflicting medical recommendations," in *Proc. Reasoning With Ambiguous Conflicting Evidence Recommendations Med. Workshop*, 2018, pp. 14–22.

[8] D. Glasspool, J. Fox, A. Oettinger, and J. Smith-Spark, "Argumentation in decision support for medical care planning for patients and clinicians," in *Proc. Assoc. Adv. Artif. Intell. Spring Symp.: Argumentation for Consum. Healthcare*, 2006, pp. 58–63.

[9] M. A. Grando, L. Moss, D. Sleeman, and J. Kinsella, "Argumentation-logic for creating and explaining medical hypotheses," *Artif. Intell. Med.*, vol. 58, no. 1, pp. 1–13, 2013.

[10] P. Tolchinsky, U. Cortes, S. Modgil, F. Caballero, and A. Lopez-Navidad, "Increasing human-organ transplant availability: Argumentation-based agent deliberation," *IEEE Intell. Syst.*, vol. 21, no. 6, pp. 30–37, Nov.–Dec. 2006.

[11] C. Yan, H. Lindgren, and J. C. Nieves, "A dialogue-based approach for dealing with uncertain and conflicting information in medical diagnosis," *Auton. Agents Multi-Agent Syst.*, vol. 32, no. 6, pp. 861–885, 2018.

[12] M. A. Falappa, G. Kern-Isberner, and G. R. Simari, "Explanations, belief revision and defeasible reasoning," *Artif. Intell.*, vol. 141, no. 1-2, pp. 1–28, 2002.

[13] C. Cayrol, F. D. de Saint-Cyr, and M. Lagasquie-Schiex, "Change in abstract argumentation frameworks: Adding an argument," *J. Artif. Intell. Res.*, vol. 38, pp. 49–84, 2010.

[14] G. Alfano, S. Greco, F. Parisi, G. Simari, and G. Simari, "An incremental approach to structured argumentation over dynamic knowledge bases," in *Proc. Conf. Princ. Knowl. Representation Reasoning*, 2018, pp. 78–87.

[15] J. Fox, N. Johns, and A. Rahmanzadeh, "Disseminating medical knowledge: The proforma approach," *Artif. Intell. Med.*, vol. 14, no. 1-2, pp. 157–182, 1998.

[16] N. Kökciyan, I. Sassoon, A. Young, S. Modgil, and S. Parsons, "Reasoning with metalevel argumentation frameworks in aspartix," in *Proc. Conf. Comput. Models Argument*, 2018, pp. 463–464.

[17] N. Kökciyan *et al.*, "Towards an argumentation system for supporting patients in self-managing their chronic conditions," in *Proc. Assoc. Adv. Artif. Intell. Joint Workshop Health Intell.*, 2018.

[18] N. Kökciyan, S. Parsons, I. Sassoon, E. Sklar, and S. Modgil, "An argumentation-based approach to generate domainspecific explanations," in *Proc.Multi-Agent Syst. Agreement Technol.*, 2020, pp. 319–337.

（本文内容来自 IEEE *Intelligent Systems, Mar./Apr. 2021*）**Intelligent Systems**

一种基于论证的健康信息系统的设计方法

文 | Helena Lindgren, Timotheus Kampik, Esteban Guerrero Rosero, Madeleine Blusi, Juan Carlos Nieves　于默奥大学

译 | 程浩然

本文提出了一种基于论证的健康信息系统的设计方法。该方法论着眼于形式论证的应用，旨在获取关于论证推理行为、知识和用户模型，以及论证层以下和以上层次的业务逻辑的需求。我们强调了需要根据系统类型进行的特定考虑，例如临床决策支持系统、面向患者的系统和管理系统。此外，考虑到论证研究、健康信息系统和软件设计方法的最新进展，我们概述了与基于论证的医疗保健智能系统设计有关的挑战。对于每项挑战，我们都概述了缓解策略。

形式论证已成为一种很有前途的自动推理方法。虽然有大量的工作存在于形式论证的理论方面[1]，且有一些成功案例，但将该方法应用于实际用例仍处于早期阶段。因此，推进研究以缩小社区逐渐积累的理论知识与实际应用之间的差距非常重要。

在健康信息系统[2]的场景中，形式论证方法被经常使用，以从相互矛盾、不一致或不确定的信息中得出结论。以下（简化的）示例强调了论证在医疗保健中的有效性（使用抽象论证方法）[3]。一位患者表现出的症状可能表明其患有注意力缺陷/多动障碍(简称 ADHD)（使用 c 表示其治疗）或抑郁症（使用 d 表示其治疗）。ADHD 可以用兴奋剂治疗（论据 b），抑郁症可以用抗抑郁药治疗（论据 a）。基于标准化临床路径的决策支持系统基于治疗计划 d，建议摄入 a。相反，医学专家根据治疗计划 c 推荐摄入量 b。由于兴奋剂与抗抑郁药相互抵消，因此只能选择其中一种治疗方案。负责治疗患者的医生需要决定遵循哪些建议。图 1 显示了示例的论证图。

在形式论证中，这种类型的问题可以用数学模型来表达，这可以使用形式方法来解决，例如所谓的论证语义。请注意，在形式论证的上下文中，论证可以模拟任何类型的知识，并且不一定基于自然语言。为了解决图 1 中的框架，我们首先需要回答一些（可能是特定于用例的）问题，例如：

（1）某些论点是否比其他论点更有力，例如因为

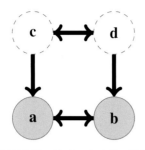

图1 论证图的示例。治疗c意味着不服用药物a，而治疗d意味着不服用b。因此，只能选择一种治疗方案

它们更有可能是真实的或来自更权威的来源？

（2）什么医学知识应该为论证的内部结构提供信息，以及它与其他论证的关系应如何产生？

（3）如何解决因不同信息来源（例如来自不同组织的医疗指南、医生的不同意见）之间的依赖关系而产生的争论循环？

在过去，形式论证一直被强调为解决设计临床决策支持系统时出现的一系列常见挑战的潜在解决方案[4]。然而，尽管形式论证社区正在蓬勃发展，目前也还没有关于基于论证的系统在医疗保健中广泛采用或大规模临床试验的成功报道。事实上，许多关于形式论证和医疗保健的研究仅限于定义和（有时）运行实例的实现，其缺少领域专家的参与，缺少开源软件构件的创建，也缺少开发原型应用程序的实证评估。

本文提出了一种基于论证的健康信息系统的设计方法，其可以促进这一领域在未来更强的应用研究。设计方法是基于我们的研究经验，特别是我们在过去15年的形式论证和医疗保健人工智能交叉研究中所吸取的经验教训。表1概述了医疗保健领域讨论的一些应用场景，在这些场景中定义和完善了方法，并突出了每个用例的一些设计角度(本文将对此进行解释)。该方法可以被认为是对软件开发过程的一种补充性

的、以论证为中心的观点，它假定软件采用某种敏捷的、迭代的开发方法[5]，在研究密集的开发环境中，我们认为这是一个合理的假设，然而，它可以进行调整以更好地与其他非迭代软件开发方法进行集成。

设计方法

设计方法可分为以下三个阶段：

（1）用例与架构定义。

（2）迭代系统设计与实现。

（3）实证评估。

每个阶段的结束（以及阶段2中每个迭代周期的结束）代表了一个转折点，在这个转折点上对系统设计进行初步评估，从而决定下一步如何进行。此外，每个阶段都会产生不同的中间产物，这些产物有不同的用处，例如可以在宣传过程中呈现或交予第三方。在第一阶段之前，应该在设计过程中建立相关干系人（如潜在用户、领域专家等）的重点关注小组。

用例与架构定义

第一阶段涉及用例标识和高级应用程序架构定义。

用例标识

从一开始，系统的用例就应该与相关医学专家密切合作进行定义。采用以活动为中心的视角，对于指定系统应在应用程序场景中提供的支持类型，以及系

表1 医疗用例示例及其用例类型、知识基础、冲突类型和论证方法					
医疗用例	用例类型	知识基础	冲突类型	论证方法	参考文献
痴呆诊断与治疗的决策支持服务	临床决策支持系统	可能性答案集程序	准则不一致	探究对话	Yan 等人[6]
心智健康与社会幸福感自我管理应用	面向病人的系统	拓展逻辑程序	人的目标冲突	抽象论证	Guerrero 等人[7]
老人跌倒预防应用	面向病人的系统	拓展逻辑程序	人类活动的不一致	抽象论证	Guerrero 等人[7]

统及其用户应以何种方式协作，以实现用户和医疗保健提供组织的目标非常重要。

定义高等级架构

在定义了用例之后，应该明确高级需求，并且对初步的体系结构进行设计。其中，体系结构应主要服务于用例这一点非常重要，与基本研究目的的一致性应该仅仅是一种理想的副作用。在这一步中，使用一般的图形化绘图工具对体系结构进行建模就足够了，标准化建模符号中更详细的规范(如统一建模语言或ArchiMate[9])可以在后续步骤中再跟进。

（1）转折点。在这个阶段之后，应该清楚一个基于论证的系统是否确实可以服务于手头的用例。如果情况并非如此，可以实现一个不同类型的系统（例如一个简单的基于规则的系统或机器学习分类器），或者——如果不可行——则可以放弃该项目。特别的是，形式论证作为协议技术的应用，意味着用例需要对源于决策过程中来自多个来源的潜在不一致性或不确定的信息进行管理。

（2）产物。这个阶段的成果是一个初步的可行性分析、一个高层次的体系结构和需求规范，以及一个活动分析，其具体说明了需要支持的工作和决策制定过程。

迭代系统设计

第二阶段实现一个基于前一个阶段成果的系统原型。其与相关干系人协作，迭代地进行实现。

设计知识模型

一个特定领域的知识模型应与领域专家合作进行设计。知识模型应基于相应领域的现有模型，例如

健康七级（HL7）[10]等标准化数据模型、相关部门规定的临床路径，或国际疾病分类标准。然而，重要的是要考虑到当地的实际情况可能与标准化规范有所不同。例如，特定电子健康记录系统使用的信息方案可能不符合标准。即便符合标准，实际上也不总是能提供信息的完整性。事实上，这一事实正是基于论证的方法的优势所在：理想标准与本地现实之间的不一致可以在运行时明确建模和解决。设计知识模型时的另一个重要方面是知识建模语言。因为医疗专业人员不一定精通知识建模语言，如网络本体语言，所以使用高级的、潜在的非正式语言来指定粗略模型非常重要。并且当在最重要的方面达成一致时，迭代地细化细节。

协作产生交互式模型

在构建知识模型的同时，交互式原型也会被创建。同样地，领域专家连同潜在的非专家利益相关者，如患者，应该参与其中。知识模型和用户界面相互依赖：一方面，用户界面提供了在准确性和简洁性之间折衷的知识模型的抽象；另一方面，知识模型也需要考虑用户交互需求。在初始原型设计阶段，知识模型和交互原型应该只是松散耦合，以确保用户交互需求被放置在第一位。在这个阶段已经可以使用允许快速创建原型的工具。但是，过早使用此类工具可能会阻碍创造力，因为这些平台规定了系统用户界面（UI）设计的相当严格的框架。

引出论证

在通用知识模型和UI设计完成后，就可以开始引出论证了。作为该活动的第一步，需要区分设计时引出的论证和运行时引出的论证。

（1）在设计时，论证是手工管理的，从非结构化数据挖掘，或从另一个结构良好的知识库自动转移。论证及其框架可以在部署之前进行细化和完整性检查，这对论证生成算法的要求不那么严格。

（2）在运行时，论证可以直接来源于用户交互，或从附加数据上传到系统。也就是说，在这种情况下，需要定义并正确测试自动生成论证的算法，以确保它们在系统部署时按照预期执行。

为了构造论证和检测冲突，形式化知识规范语言语义的形式逻辑应该提供多项式时间的推理算子。这意味着在医学知识库中定义构造论证和检测论证间攻击的有效算法是可行的。为了从非结构化或结构不良的数据中挖掘论证，可以应用机器学习技术[11]。在引出过程中，建议将每个论证分给一个或多个组，例如，一个论证可以分配给组最终用户偏好，而另一个参数分配给专家诊断和国际疾病分类组。无论论证是在运行时还是设计时引出，都需要考虑论证的强度。强度可以从论证所在的组中推导出来，也可以从数据中推断出来。例如，在实施诊断支持系统的情况下，专家意见可能被认为强于最终用户的自我评估，因为后者可能被认为不太可靠[6]。然而，在设计自我管理的移动应用程序时，在某些情况下，最终用户的偏好可能被认为比专家意见更为重要，例如，在配置每日日程安排和动机建议方面。在形式论证中，强度可以定性建模，例如通过构建参数的偏好顺序[12]或定量建模，如使用概率方法[13]。此外，考虑系统应支持的论证对话的类型也很重要，下面是例子[14]：

（1）查询对话：系统使用（多主体的）论证来寻求知识，例如，通过从分布式和潜在不一致的知识库中引出论证来得出新的结论。

（2）协商对话：系统促进了多方之间的权衡，例

如，通过整合专家的冲突意见或区域和国家层面的医疗指南之间的冲突。

（3）说服对话：系统使用正式的论证来说服用户，例如，通过与患者交换论点来激励他们朝着特定目标努力。

对话类型的选择是基于指定临床路径和决策过程中的阶段和决策点的活动分析完成的。除了就论点强度和对话类型做出设计决策外，还需要定义论点的结构。该结构取决于知识模型，即取决于从中得出结论的知识库的性质和结构。为此，人们可以在某种程度上依赖于论证交换格式[15]，这是一项早期的工作，旨在为知识库中论证引出以及论证交换提供指导方针和最佳实践。结合论证结构和论证强度的设计，需要定义确定论证图如何解析的论证语义，在这种情况下，应考虑特定语义所满足的论证原则[16]。特别是应确定与应用场景要求相一致的原则。

论证语义的一个重要问题是它们的计算复杂性。广为接受的论证语义的决策问题范围从NP-完全问题到Pi-完全问题都有涵盖[17]。在这种情况下，可能需要进行权衡，例如，像基础语义这样计算复杂度相对较低的论证语义不允许特别细微的冲突粒度（通俗地说）。为了提高计算性能，一些形式论证的应用在论证图的结构或大小上会设置条件，例如，只构造非循环论证图[18]。因此，应构建特定于用例的运行示例来评估，从计算复杂性和主题专家的角度来看，语义的输出是否是合理的。

设计知识模型用户界面

在引出论证步骤的同时，还应设计用户界面对系统数据和过程的抽象，即对论证框架、知识库和推理方法的抽象。特别地，应该回答以下问题：

（1）用户界面应该在知识库上提供什么抽象，这些抽象应该有多详细？

（2）是否有资料在任何情况下，如由于资料的隐私性，都不应暴露给用户？

（3）用户在什么时候可以添加额外的知识作为反馈的手段，这些知识应该如何整合到现有的知识库中，这些用户反馈会触发什么？

根据经验，对于医学专家用户，用户界面在数据视图抽象、数据输入和反馈机会方面提供的详细级别应该比患者的更细粒度。

系统原型实现

与前面的四个设计步骤并行，系统原型应该迭代地实现。正如前面提到的，快速原型工具可以促进系统实现。特别是，作为系统基础的数据方案在理想情况下应该直接从与重点关注小组协作定义的模型中（自动）生成。考虑到医疗信息系统的安全关键性，即使是原型实现，也应该遵循测试驱动开发和持续集成等质量保证的最佳实践模式。专家验证的运行示例可以作为测试用例。

定性评估

为了评估该系统是否可以部署以用于长期运行的实证研究，应该进行初步的定性评估。与迭代设计过程的前几个阶段相比，此阶段应使用已部署、正在运行且稳定的系统实例进行评估。理想情况下，应有一组新的专家和终端用户参与到评估中来。这样可以避免那些从已有设计角度提供的有偏见的反馈。作为第一个评估步骤，应验证初始知识库，例如，系统的输出可以与临床指南和协议进行比较，并由医学专家和患者进行评估。在示例场景中，在仔细控制的真实环

境中对系统进行试运行，来征求关于系统本身和从中得出的结论的其他反馈。此外，还应观察系统的使用如何影响决策和人类行为，例如，给定一个决策支持系统，应该记录用户遵循系统建议的程度。

（1）转折点。当一个实施和设计周期结束后，系统设计者应该决定：进一步的迭代是否是必要的；系统是否已经足够成熟以进行实证研究；系统原型是否应该在没有经验评估是可行的。

（2）产物。这一阶段的最终产物是详细的系统规范、系统原型和对系统的初步定性评估。

实证评估

在最后阶段，应对系统进行实证评估，目的是对系统在实际医疗应用场景中的实用性进行强有力的评估。

根据实证进行评估

为了评估所开发系统的医疗效果，如果可能，可以在随机对照试验的环境下进行。理想情况下，参与系统实证评估的医疗从业者不是（至少不完全是）帮助设计它的人。否则，参与的医学专家有可能：对该系统的功效有偏见；在使用该系统方面有一定的专业知识，而这是第三方难以获得的。

为了实现真实世界的研究，该系统需要集成到相应的医疗保健过程或临床路径中。如果研究是在具有不同地方惯例的区域之间进行的，那么理想情况下，研究应该与这些地方惯例变体分开，以确保跨区域的可比性。在实证评估中，建议采用混合方法。一般来说，可以对系统的建议或决定进行定量评估。对意外的系统行为可以进行定性分析，以找到偏差的原因，并确定意外的行为是否确实是不可取的。

（1）转折点。当实证评估结束时，可以根据结果的影响计划进一步的步骤。特别是可以进行后续研究，为此，可能需要对系统进行定制，以适应新的环境（例如适应不同国家的医疗从业人员的需求）。在成功的案例中，可以开始将系统移交给能够确保长期运行的各方，例如，地方卫生当局或其他提供医疗服务的组织可能有兴趣接管在特定医疗环境中明显有用的系统的维护和运行。

（2）产物。这一阶段的成果是一份分析文件，其中包括对系统的经验性评估。

图2是设计方法的流程图。

应用程序子领域

卫生信息系统的应用环境对其设计的影响是不言而喻的。一个特别重要的区别是，该系统是主要由医学专家、病人还是由行政人员使用。

临床决策支持系统

近年来，人们已经认识到，处理不一致的知识，例如，不同的专家意见，在许多医疗决策支持场景中是至关重要的。然而，现有的工业规模的产品并没有为管理不一致或相互冲突的知识提供一流的抽象概念。基于论证的临床决策支持系统可以通过管理这些在医疗决策中常见的不一致问题来帮助促进决策，事实上，这些不一致问题往往是医疗过程中设计的一部分，例如，当几个医疗专家就一个具体案例征求意见时。基于论证的决策支持系统的一个例子是Yan等人提出的痴呆症诊断和管理支持应用[6]。在决策支持的背景下，重要的是对不同类型来源的论据要根据相应来源类型的强度进行标记。例如，论据强度的分配可以反映出一个从业人员的意见不能使国家或国际指南

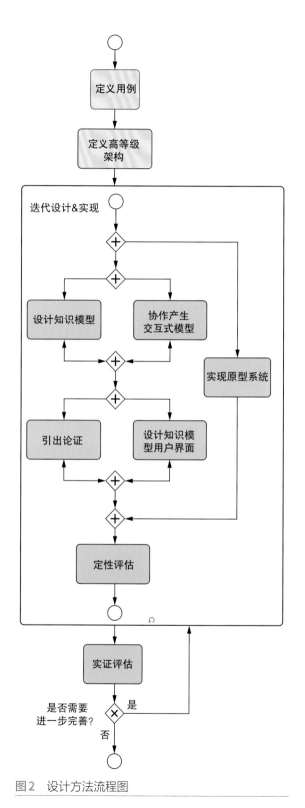

图2　设计方法流程图

中规定的既定领域知识失效。一个潜在的论据等级可能如下（假设完全排序），但肯定是取决于场景的：

（1）来自全局指南和标准的论据优先于所有其他论据。

（2）局部指南定义了全局指南和标准没有足够详细规定的方面，但从局部指南中得出的论点比从全局指南中得出的论点要弱。

（3）来自从业者意见的论据可以为个案的决策提供参考，但比地方和全局指南要弱。

从形式上看，存在大量潜在的论证强度设计机制[19]，到目前为止，还没有关于何时选择何种机制的最佳实践。

面向病人的系统

在实现面向病人的健康信息系统时，至关重要的是在系统根据现有医学知识和患者数据提供的意见和建议与患者的自我评估和个人偏好之间进行权衡。为了促进这些妥协，形式论证方法可以被认为是一种自然的契合。面向患者的系统的一个特点是，这些系统提供的建议和执行的操作不仅要满足医疗保健领域的质量标准，而且如果系统做出的假设与患者的个人情况不一致，还必须允许知情的异议。这种系统类型的一个实例是一个具有论证功能的行为改变管理个人助理[7]。如果助理建议用户进行更多的体育锻炼，则用户应该有可能向系统提供反馈，即在当前情况下，家庭责任不允许按推荐行事。异议的可能性不仅从医疗功效的角度来看很重要，而且为了个人自主权：用户应该有权在最佳健康生活方式和生活的其他方面进行权衡，而不是由系统来决定所有细节。从论证的角度来看，这意味着用户应该能够向系统添加新的论点，来推翻系统提供的结论。也就是说，系统应该能够根

据新论点提供替代结论，同时保持基于证据的知识基础。这种行为允许验证是否符合准则和法规，例如，这是CE标志等法规审批的要求。在这方面，基于论证的系统的可测试性和可验证性是一个关键优势，例如，与基于机器学习的系统相比。

健康信息行政系统

可以应用形式论证的第三种类型的医疗保健信息系统是行政系统，例如，用于医疗保健领域的企业资源规划系统。据我们所知，关于基于论证的方法在这种医疗信息系统类型中的应用的研究很少。一个例外是一个基于论证的护士调度工具[20]。相关研究稀少的一个可能原因是，行政系统紧密集成到组织的信息系统环境中。这增加了实施对于试点研究足够成熟的原型的工程工作和组织开销。然而，从用例与行政规划的角度来看，冲突信息的管理可能被认为是有用的。例如，在COVID-19危机之后，如何将医疗设备分配到不同的行政区域可能会由不同的流行病学专家提供的或基于冲突的基本场景的感染传播预测所决定。除了上述特点外，基于论证的医疗管理系统的实施可能与医学专家系统的实施具有类似的影响，因为全局（如政府）指南、当地实施细节和不同的专家评估之间存在的冲突需要解决。

挑战与研究策略

设计方法可以被认为是一种理想化的方法，在现实中，由于时间、预算或专业知识的限制，它们不能总是被遵守。事实上，在研究该主题的现有文献时，我们观察到一系列的缺陷，并从中得出了新的研究策略。

缺少与理论基础的结合

大部分关于论证的理论研究结果都没有从应用的角度进行研究。这点在关于论证强度[19]和论证原则[16]的广泛工作中尤甚。

在确定知识模型、论证结构和强度以及论证推理器时应尽可能系统地考虑提供相应基础研究基础的简明概述的作品；同时，在特定情况下指导这一过程步骤的实际考虑应该为今后的理论研究提供参考，而不仅仅是反过来。

缺少强有力的实证研究

基于论证的健康信息系统的研究缺乏强有力的实证评估结果。这与传统决策支持系统的研究形成鲜明对比，但也可能是基于论证的方法相对新颖的原因。基于论证的健康信息系统缺乏强有力的实证评估的另一个可能的原因是，参与设计和实施这些系统的人工智能研究人员通常缺乏对复杂社会技术系统进行长期实证评估的经验。因此，在设计过程的最后阶段之前，可以考虑将所开发的系统原型从人工智能研究人员手中移交给专注于信息系统评估的研究小组，这是值得推荐的一个做法。

生命周期较短的软件产物

一个相关的问题是缺乏公开共享和记录良好的软件工件（以及商业系统），这些都是在研究该主题时出现的。这阻碍了社区共同努力以开发系统，也阻碍了那些不具备基础工程专业知识的信息系统研究人员对系统的研究和应用。为了增加所开发的系统的寿命不因结果的发布而结束的可能性，技术转让计划应该被纳入最初的研究大纲。例如，这样的计划可以包括将产物移交给卫生保健机构，或者将通用的有用的系统组件提取为开源的库和框架。必须认识到医疗部门容易限制新技术的采用的现实，即有限的资源和医疗专业人员紧缺的时间。此外，当技术被引入作为人类护理的替代品而不是增强剂时，医疗保健专业人员可能会持怀疑态度。

总结

本文所提出的设计方法是一个出发点，它将基于论证的方法更有条理和严格地应用于智能健康信息系统。该方法是一个重要的工具，它可以弥合推动形式化论证的理论和工程基础的团体与研究智能系统在医疗领域应用的研究人员之间的鸿沟。我们期望，随着研究形式论证在医疗信息系统中的应用的研究机构的增加，该方法将进一步成熟。同时，本文所提出的方法可以转化为一个独立于领域的模型，或者调整为其他系统类型。

致谢

感谢匿名审稿人。这项工作得到了 Wallenberg AI，Autonomous Systems 与 Software Program (WASP) 的支持，该计划由 Knut 和 Alice Wallenberg 基金会以及欧盟的地平线 2020 计划资助，资助号为 825619。

参考文献

[1] P. Baroni, D. M. Gabbay, M. Giacomin, and L. van der Torre, *Handbook of Formal Argumentation*. London, U.K.: College Publications, 2018.

[2] L. Longo, B. Kane, and L. Hederman, "Argumentation theory in health care," in *Proc. 25th IEEE Int. Symp. Comput.-Based Med. Syst.*, 2012, pp. 1–6.

[3] P. M. Dung, "On the acceptability of arguments and its fundamental role in nonmonotonic reasoning, logic programming and n-person games," *Artif. Intell.*, vol. 77, no. 2, pp. 321–357, 1995.

关于作者

Helena Lindgren 瑞典于默奥大学教授。2007年获得于默奥大学博士学位。将临床专业知识与人工智能研究相结合，为此获得了2018年北欧科学奖。在几个大型人工智能研究项目的委员会中任职。联系方式：helena@cs.umu.se。

Timotheus Kampik 瑞典于默奥大学攻读博士生。研究兴趣为非单调推理和决策理论的交叉，以及多代理系统的工程。狂热的开源软件贡献者，在企业软件行业有十年的经验。联系方式：tkampik@cs.umu.se。

Esteban Guerrero Rosero 瑞典于默奥大学研究员。研究兴趣包括形式论证和多主体系统的理论和应用。2016年获得于默奥大学博士学位。联系方式：esteban@cs.umu.se。

Madeleine Blusi 瑞典于默奥大学社区医学与康复系的研究员和护理系副教授。研究兴趣包括智能系统和以病人为中心的医疗保健。2014年获得瑞典中部大学博士学位。联系方式：madeleine.blusi@umu.se。

Juan Carlos Nieves 瑞典于默奥大学副教授。2008年获得西班牙巴塞罗那的加泰罗尼亚理工大学（UPC）博士学位。研究兴趣包括非单调推理和多代理系统的理论和应用。联系方式：juan.carlos.nieves@umu.se。

[4] J. Fox et al., "Delivering clinical decision support services: There is nothing as practical as a good theory," *J. Biomed. Informat.*, vol. 43, no. 5, pp. 831–843, 2010.

[5] R. Hoda, N. Salleh, and J. Grundy, "The rise and evolution of agile software development," *IEEE Software*, vol. 35, no. 5, pp. 58–63, Sep./Oct. 2018.

[6] C. Yan, H. Lindgren, and J. C. Nieves, "A dialoguebased approach for dealing with uncertain and conflicting information in medical diagnosis," *Auton. Agents Multi-Agent Syst.*, vol. 32, no. 6, pp. 861–885, 2018. [Online]. Available: https://doi.org/10.1007/s10458-018-9396-x

[7] E. Guerrero, J. C. Nieves, and H. Lindgren, "An activity-centric argumentation framework for assistive technology aimed at improving health," *Argument Comput.*, vol. 7, no. 1, pp. 5–33, 2016.

[8] E. Guerrero, J. C. Nieves, M. Sandlund, and H. Lindgren, "Activity qualifiers using an argumentbased construction," *Knowl. Inf. Syst.*, vol. 54, no. 3, pp. 633–658, 2018.

[9] A. Q. Gill, "Agile enterprise architecture modelling: Evaluating the applicability and integration of six modelling standards," *Inf. Softw. Technol.*, vol. 67, pp. 196–206, 2015.

[10] B. G. M. E. Blobel, K. Engel, and P. Pharow, " Semantic interoperability—Hl7 Version 3 compared to advanced architecture standards," *Methods Inf. Med.*, vol. 45, no. 4, pp. 343–353, 2006.

[11] M. Lippi and P. Torroni, "Argument mining: A machine learning perspective," in *Theory and Applications of Formal Argumentation*, E. Black, S. Modgil, and N. Oren, Eds. Cham, Switzerland: Springer, 2015, pp. 163–176.

[12] L. Amgoud and C. Cayrol, "Inferring from inconsistency in preference-based argumentation frameworks," *J. Automated Reasoning*, vol. 29, no. 2, pp. 125–169, 2002.

[13] H. Li, N. Oren, and T. J. Norman, "Probabilistic argumentation frameworks," in *Theory and Applications of Formal Argumentation*, S. Modgil, N. Oren, and F. Toni, Eds. Berlin, Germany: Springer, 2012, pp. 1–16.

[14] D. Walton and E. C. W. Krabbe, *Commitment in Dialogue: Basic Concepts of Interpersonal Reasoning*. Albany, NY, USA: State Univ. New York Press, 1995.

[15] I. Rahwan and C. Reed, *The Argument Interchange Format*. Boston, MA, USA: Springer, 2009, pp. 383–402.

[16] L. van der Torre and S. Vesic, "The principle-based approach to abstract argumentation semantics," *IfCoLog J. Logics Appl.*, vol. 4, no. 8, pp. 2735–2778, Oct. 2017.

[17] P. E. Dunne and M. Wooldridge, *Complexity of Abstract Argumentation*. Boston, MA, USA: Springer, 2009, pp. 85–104. [Online]. Available: https://doi.org/10.1007/978-0-387-98197-0_5

[18] A. J. Garcŏa and G. R. Simari, "Defeasible logic programming: An argumentative approach," *Theory Pract. Logic Program.*, vol. 4, no. 1/2, pp. 95–138, 2004.

[19] M. Beirlaen, J. Heyninck, P. Pardo, and C. Straûer, "Argument strength in formal argumentation," *J. Appl. Logics—IfCoLog J. Logics Appl.*, vol. 5, no. 3, pp. 629–675, 2018.

[20] K. Čyras, D. Letsios, R. Misener, and F. Toni, "Argumentation for explainable scheduling," in *Proc. AAAI Conf. Artif. Intell.*, vol. 33, 2019, pp. 2752–2759.

（ *本文内容来自 IEEE Intelligent Systems, Mar./Apr. 2021* ）**Intelligent Systems**

iCANX 人物

朝朝散霞彩，暮暮泛霞光——专访北京大学张海霞教授

文 | 王卉，于存

　　"朝朝散霞彩，暮暮澄秋色。"是隋朝诗人薛道衡《重酬杨仆射山亭》中的诗句，其中"霞"字是点睛之笔，既描写了清晨太阳升起，天空红霞照耀的壮观景象，又勾勒出自然灵动之美。而本期受邀嘉宾也与这个"霞"字有关系，她就是北京大学信息科学技术学院教授，国际大学生 iCAN 创新创业大赛发起人，iCANX Talks 创始人——张海霞。

图1　张海霞

创新创业，Yes，iCAN！

　　2006 年是张海霞命运的转折之年，那一年的 6 月她从美国回到北京大学，迫切地寻求用武之地，于是她将目标锁定于高科技，开设了微纳前沿技术暑期学校，希望将微纳领域最前沿的知识传递出去。那时的她热情高涨，打了鸡血一般，心中只有一个信念，那就是：必须要搞高科技，必须让更多人在高科技领域做真正的创新。机缘巧合下，2007 年她创办了美新杯中国 MEMS 传感器应用大赛，也就是后面大名鼎鼎的 iCAN 国际大学生创新创业大赛。

图2

　　说到 iCAN 这个名字的由来，它的背后有一个非常感人的小故事。2007 年 9 月 1 日第一届美新杯中国 MEMS 传感器应用大赛在上海顺利举办后，张海霞收到了一位获奖学生的来信，信中说"老师，我非常激动，不是因为我得奖了，从小到大我得过很多奖，可是这是我第一次不靠考试得奖，是我和我的团队一起从无到有想了一个新点子并亲手把它实现出来，得到了大家的认可而或获奖，我为我和我的团队感到骄傲！以前我觉得比尔·盖茨、乔布斯都是神，现在我知道：我一样能行！Yes, I can！"

　　就这样 iCAN 成了比赛的名字，传递"I can"精神成了张海霞的毕生使命。如今国际大学生创新创业大赛（iCAN）已经吸引 30 多个国家和地区，1000 多所高校和科研院所的学生参与其中，总参与人数超过了 60 万，"自信·坚持·梦想"的 iCAN 精神在每一位青少年心中萌芽、生长。

　　我们总说一个人如果没有梦想，那跟咸鱼有什么区别，但是如果天天做白日梦呢？那就是假装不是咸鱼的咸鱼。我们从不缺乏会做梦的人，我们缺少的是能够将梦想付诸行动的人，能够持之以恒、十年磨一剑的人。我们缺少的是自信但不自负的人，我们缺少

图3

的是心无旁骛、勇当科学先锋的人。

如今，"Yes，iCAN！"已经成了学生心中一个响亮的口号，鼓励了一代又一代的青少年走上创新创业之路，让创新精神与时代共舞，让科学精神与青少年齐飞。

把孩子当学生带，把学生当娃带

当被问到"最崇拜的人是谁"的问题时，张海霞毫不犹豫地说：吴健雄！

这并不意外，因为吴健雄先生是著名物理学家，科学成就举世瞩目，被称为中国的"居里夫人"，是"核子研究的女王"，她虽然没有获得诺贝尔奖，却有四位诺贝尔物理学奖得主为她创立吴健雄学术基金会。1978年她荣获以色列的沃尔夫奖，这个奖在重量级别上，可以与诺奖相提并论，而她就是这个奖的首位获得者，此外，她也是美国物理学会的首位女会长。

但当被问及"为什么最崇拜吴健雄先生"时，她

图4

的答案却出乎意料：她最羡慕吴先生家庭生活非常和谐，幸福。

是呀，吴健雄先生的丈夫袁家骝，不仅是她事业上的伙伴，更是生活中的良人。他们的儿子曾表示，父亲在家里承担的任务比母亲要更重一些。这也恰恰回应了当下困扰很多女科学家如何平衡工作和家庭的难题，比如：科研工作任务繁重，如何照顾家庭等。这就需要两人齐心协力，彼此互相体谅，共同经营。

在张海霞教授的心中，把科研做好的同时，更需要把家庭也建设好，把学生带好也要把自己的娃带好，可是怎么才能做到呢？这就是张老师的母亲教育她的那句名言："把孩子当学生带，把学生当娃带"，正是这句话促成了她在教师和妈妈之间的角色平衡。她跟学生真诚相处，在科研和生活上都给与他们最大的帮助和支持，她的学生100%都获得了奖学金，她也入选了北京大学十大优秀导师；同时她的女儿也被培养得非常优秀，在北京大学物理学院拿了三年的国家奖学金，这也让张海霞老师两次受邀在毕业典礼（高中和大学）上做优秀家长发言。她教导学生和孩子，比成绩更重要的是正直善良的品格，要脚踏实地走好自己的人生道路，坚守人间正道：为天地立心，为生民立命，为真理立志，为世界立和平。

用真爱托起孩子们的明天

在大家眼中，张海霞教授快人快语、雷厉风行，可其实生活中的她却有着十分温馨的大爱。

2008年5月12日，是所有中国人都不能忘记的日子，那就是历史级灾难——汶川大地震发生的日子。正是这一年，张海霞教授参与发起了"真爱明天"助学计划。今年是第13周年，也就是在今年的春天，张海霞教授正式接过第一任"真爱明天"助学计划主任简翠莲女士的接力棒，肩负起使命，开启了"真爱明天"的2.0时代以及"第一代大学生助学计划"，资助那些家中还没有出现过大学生的品学兼优的孩子成为第一代大学生，简称Tomorrow-iCAN。

图5

张教授说："这些年做公益助学，既是对孩子们的一种帮助，也是对我人生的一种洗礼，它让我的人生变得更有意义，让我原来漂浮在云里雾里的身心逐渐下沉，逐渐纯净。但是这些年我也注意到一个新现象，那就是仅靠助学还不够，如何帮助一个家庭培养出第一个大学生才是真正能改变一代人，甚至几代人命运的根本。"

从"真爱明天"助学计划到"第一代大学生助学计划"，13年来，张海霞教授用真爱托起了孩子们的明天！

出世的心，入世的奔

从2006年的国家技术发明奖二等奖到2020年张海霞教授入选福布斯中国科技女性五十强，张海霞教授获奖无数。当被问到如何做到事业上屡获成功，她没有给我们分享太多励志的故事，而是提到她一直以来的心态，那就是一直专注努力地做事并不在意世俗的成功和失败，即"出世的心、入世的奔"，她的出世不是逃避和放弃而是不在意，她的入世不是本着名利钱权而是努力地做自己要做的事。这正如龙应台在《亲爱的安德烈》中那一段大众熟知的话："我要求你读书用功，不是因为我要你跟别人比成就，而是因为，我希望你将来拥有更多选择的权利，选择有意义、有时间的工作，而不是被迫谋生。"张海霞教授正是这样，她在自己喜欢的事情上倾尽全力、激情

满满，但是她不跟任何人去比较成就，因为她不会为了名利去强迫自己做不喜欢的事情，不纠结外在的光环，而是要活出自己本来的样子。

这就是张海霞，她是那个为华为打抱不平而怒怼IEEE的北大侠女，她是那个洋洋洒洒写了几百万字的科学网网红，她是iCAN创新创业的代言人，她是在新冠疫情中创办iCANX在国际学术界掀起巨浪的大咖……在她身上有太多的标签，但是走进她，你发现她是一位责任心极强的人民教师，一位慈爱的孩子母亲，一位执着的公益人，一位潇洒的智慧达人，所谓朝朝散霞彩，暮暮泛霞光，她努力让自己的世界充满惊喜和精彩。

纳米科学与技术发展的领路人——专访世界知名纳米科学家Paul S. Weiss
文 | Michael

图6

Paul S. Weiss，世界知名的纳米科学家，加州大学主席主任（UC Presidential Chair）和加州大学洛杉矶分校（UCLA）化学与生物化学系和材料科学领域的杰出教授。长期从事表面和超分子组装体的原子尺度化学、光学、力学和电子学特性研究，他领导的研究小组发展了用于提高扫描探针显微技术的化学识别特性的新技术，开发了用于原子分辨率、光谱成像和

图7

化学成像的新工具和新方法。这些研究进展也被进一步应用到了生物医药领域，包括神经科学、微生物群落和高通量细胞疗法。

Weiss教授在科学、工程学、教学、学术出版和学术传播等领域获得过无数奖项。他是美国艺术与科学院院士，美国科学促进会（AAAS）会士，美国化学会（ACS）会士，美国医学与工程学会（AIMBE）会士，美国物理学会（APS）会士，美国真空协会（AVS）会士，加拿大工程学院外籍院士，美国材料学会（MRS）会士，同时也是中国化学会（CCS）荣誉会士。作为 *ACS Nano* 的创办者和主编，Weiss教授一直致力于倡导纳米科学与技术的全球性合作与发展。

日前，iCANX Talks 有幸走近 Weiss 教授，一起探究纳米技术领域的最前沿的科技难题，找寻第一个合成分子马达与人造电机的不同，了解科研团队管理的经验以及参与学术组织的意义，倾听 Weiss 教授对于年轻科研工作者的建议与忠告。

每周一场"跨时空的聚会"他从不缺席

浓浓的眉毛，大而慈祥的眼睛，高挺的鼻梁上架着一副眼镜，嘴角微微上扬，似挂着一抹笑容。儒雅随和的外表，透露着一股睿智的气息，这便是 Weiss 教授，与人们心中设想的科学家形象如出一辙。

细数 Weiss 教授的身份，无人不敬佩。他是美国艺术与科学院院士，美国加州大学洛杉矶分校化学与生物化学系、生物工程系、材料科学与工程系的杰出教授，是人们熟知的 iCANX Talks 的联合主持人，是美国科学促进、美国化学学会、美国真空协会等多个学会的会士，也是 *ACS Nano* 的主编。作为纳米技术领域的先驱，他的研究范围涉及广泛，包括原子尺度的化学与物理、分子器件、纳米平版印刷、生物物理和神经科学等领域的研究，曾获得多项国际重要奖项。

而这样一位享誉业内的科学家，又是如此亲力亲为。iCANX Talks 每周上线的时间是北京时间周五晚8点，而这个时间却是美国洛杉矶早上4点钟。作为联合主持人，Weiss 教授每次都坚持到场，从不缺席。

是什么支撑他坚持每周这么早起床听报告、做主持？是怎样的驱动力让他一直积极邀请学术圈各领域专家加入 iCANX Talks 大家庭，为观众呈现一期又一期精彩绝伦的学术盛宴？从他对年轻人的建议当中可以找到答案。他建议大家要做自己热爱并享受的事业，这是人生最重要的事情，要对一切充满好奇，要有批判精神，不断挑战已知。不要随波逐流，不要功利心太重，有创新精神，与自己相处愉快的导师远比知名度高却没有时间指导自己的导师重要得多。

做好交叉学科的研究，少不了团队协作的力量

谈到自己研究的领域，Weiss教授介绍，生物是纳米维度的科学，纳米技术既提供了表征和理解生物现象的平台，又拥有着和生物体相互作用以影响其功能的特殊优势。纳米科技是从化学、物理学、生物学、工程学、医学、毒理学以及许多其他领域发展而来的。

在这一发展的过程中，各个领域交叉合作，互为依托。如今，跨学科交流已经成为纳米领域不可或缺的部分，也是这个领域独一无二的优势。纳米科学已经在生物医药的各个领域做出了突出的贡献，比如神经科学和微生物群落。因此，在很长时间里，Weiss教授的演讲都在具体讨论纳米科学和技术在生物医药中的应用，以及纳米科学如何促进这个交叉领域的发展。

而对于纳米科技这样的一个"交叉学科"来说，团队协作是必不可少的，更是对其研究发展起到关键性作用的。在采访中，Weiss教授谈到团队协作、管理，他说，对于科研人员来说，其实团队协作有一定的困难，化学、物理学、生物学、工程学、医学、毒理学，每一个学科领域都有其术语，而大家都是深耕于自身领域，几乎不可能了解其他领域的学术语言，所以"讲话"成了最大的难题。

Weiss教授指出，在学术会议上，来自各学科的专家想要让在座各位都理解自己说了什么，就必须简洁、直观地讲述自己要表达的学术内容。例如眼科医生想要介绍某一眼部疾病的研究进展，就需要从定义、研究方法、结论等方面进行介绍，想要让大家都听懂，就需要下很多工夫。虽然这不是一件容易的事，但如果能够保持这样的沟通方式，无疑对研究来讲是一件大好事，不仅说明研究的内容是有效的，更是能与大众分享的。

因此，Weiss教授认为团队协作非常重要，因为作为一名科研工作者，不能仅关注自己的研究问题，也要善于发现问题、能够了解别人的问题，并与不同背景的人进行合作，这些对于研究来说都是有益的。

来自西方的科学家，却早就与中国结缘

聊到与iCANX的缘分，这位来自西方的科学家来了精神。他说，自己与iCANX的缘分种子早就埋下，因为自己已经是中国的"老朋友"了。作为哈尔滨工业大学、吉林大学、北京化工大学等多所中国大学的客座教授，Weiss教授曾多次访问中国，在这里，他有许许多多老友。他说，自己对中国的印象是"舒适、友好"，这也是许多外国友人来到中国的最深感受。

2020年，新冠疫情来势汹汹，全世界面临病毒的威胁，中国对待疫情的严谨、迅速，也让Weiss教授这样的海外科学家感受到了"中国速度"。因为中国有了这样的优秀经验，Weiss教授十分认可中国的科研水平。他说，未来，世界还会面临各种各样的问题，希望包括中国在内的各国能够一起面对挑战，通过在科学技术方面的合作，去解决各类难题。

也正是因为这场疫情，让人们的生活、生产方式做出了极大的改变，过去习惯的线下学术讨论、课程无法进行，Weiss教授也无法随时飞到世界各地跟科学家们进行交流。于是Weiss教授认为，大家需要这样一个线上的平台，通过网络，打破时间、空间的界限，维持大家良好的学术交流习惯，"科学研究不仅需要好的想法与坚持不懈的努力，还需要交流讨论与合作共赢，因为有时要解决一个科学问题涉及众多的学科与领域，自身作为某一方面的专家是不足以解决所有的问题。在疫情之下，无法旅行参会和面对面交流，而通过iCANX这个平台，大家可以足不出户分享科研进展，深入交流讨论，寻找合作机会。"他说。

做大胆的研究，选择有挑战性的人生

人生就像坐过山车，有高峰，也有低谷，这也意味着，无论眼下是好或是坏，都只是暂时的。如果有选择人生的机会，在面对一帆风顺的人生和坎坎坷坷但却硕果累累的人生选择题时，你会作何种选择？Weiss 教授为青年人做出了介绍，他说，在科研领域想做好，要从"好的科学"入手。

在此前他的一场主题为"纳米技术在生物医药中的应用"英文讲座中，Weiss 教授系统介绍了纳米技术在生物医药各个领域的广泛应用，包括其在神经科学，微生物群组以及细胞疗法上的应用。

Weiss 教授最初涉及的纳米技术是在低温扫描隧道显微镜领域。低温扫描隧道显微镜实现了对原子的操控，对不同分子构型的测量，进而推进了对分子界面性能的理解。更重要的是，通过这种对表面性质的研究和理解，人们能够实现从单分子到整个硅片级别的选择性修饰。被选择性修饰的表面在生物和医学领域发挥着重要作用。

在 Weiss 教授本人的科研过程中，他一直想要告诉大家纳米技术能够在生物医药的各个方面做出贡献。通过对单分子的学习和对界面化学的进一步理解，拓宽这些纳米技术的功能和应用。希望通过这些发展的方向和经验，鼓励大家进行交叉领域的学习和合作，能够通过纳米技术推动生物医药领域发展与进步。

他的科研经历，也与他对青年人的建议相得益彰：要瞄准重要的科学问题，带有独到的视角进行研究，在已有领域中总结出新的内容，从而为科研领域做出贡献。Weiss 教授说，这样才能在已知内容的基础上得出与别人有所区别的结论，这也会是人们真正想要阅读了解的内容，能够具有影响力的内容。Weiss 教授还提出在科研文章中，"假设"的重要作用，研究人员要带着丰富的想象力，进行大胆的假设。

回顾自己走过的人生，无论是科研领域、生活方式，Weiss 教授无疑选择了有挑战的人生，但 Weiss 教授相信所有熬过的苦，日后都会成为甜。那时的自己一定会感恩现在所拥有的一切，也会愿意与他人分享经验，帮助更多的人走出困境。

自强不息的寒门学子，止于至善的跨界大师——专访新加坡工程院院士洪明辉

文 | 王卉、于存

图8

"自强不息，止于至善"是厦门大学的校训，也是厦门大学著名校友、激光微制造、激光清洗、激光焊接及光学检测等领域的著名学者和领军人物、新加坡工程院院士——洪明辉教授的座右铭。

洪明辉教授，新加坡工程院院士，现任新加坡国立大学前沿研究和技术创新中心主任以及光科学与工程中心主任，终身正教授、博士生导师。新加坡光技术（Phaos Technology）有限公司创办人，同时也是中南大学名誉教授，厦门大学杰出访问教授。美国光学学会会士（OSA Fellow）、国际光学工程学会（SPIE Fellow）会士以及国际激光工程院（IAPLE）会士，在国际一流学术期刊上发表 450 余篇论文，合著 15 部专著，拥有 42 项美国、德国和新加坡专利，其中 24 项已获发明授权，2 项已经产业化生产。洪明辉院士是国际光学著名期刊 *Light: Science & Applications*（自然合作期刊）、Scientific Reports（自然子刊）、中国工程院院刊 *Engineering*、*Journal of Laser Micro/*

Nanoengineering、《中国科学：物理 力学 天文学》（中英文）和《物理》等高水平学术期刊的编委。现任《光电进展》执行主编。曾荣获东盟杰出工程成就奖、新加坡工程师协会权威工程成就奖和新加坡教育部教育服务奖等多个奖项。

无心插柳的突破，水到渠成的颠覆

如何突破衍射极限一直是光学研究绕不开的关键问题。一方面，衍射极限能够限制纯光学显微技术的分辨率，另一方面，它对激光的加工尺寸、激光波长、激光直写的分辨率产生影响。

作为洪教授最重要的代表性成果，"光学微球"成功打破了光学技术中衍射极限的桎梏。这个研究故事要追溯到2000年，那一年洪教授和团队正在从事激光清洗的相关研究工作。在激光清洗过程当中当他们尝试用激光来清洗硅片上的一些圆形附着物时，发现这些圆形附着物下面产生了很多纳米尺度的小孔，而且这些小孔的尺寸最小可以突破100nm。随后他们围绕其物理机制展开了深入的研究。当时，实验室中有一位顶尖科学家 Boris Luk'yanchuk 教授，洪教授亲切地尊称他为 Physics Dictionary，就这样，他们一起开始探究并寻找这些现象背后的物理原因。2003年，在显微镜最高精度为200nm的情况下，他和团队提出了非接触式纳米加工技术，可以做到50nm，甚至25nm，如今这项技术已经突破了23nm。最后通过一系列的研究，洪教授的团队证明了这些小孔的产生其实是源于圆形附着物对于光的聚焦效应，而这种聚集效应能够打破光学衍射的极限，正因如此，洪教授提出了颠覆性的光学微球技术。

投稿要分秒必争，写稿要积水成渊

在谈到如何投稿时，洪教授建议，科研文章一定要争分夺秒，谁能够最快发布科研成果，稿件就要投给谁。当科研成果出现的时候，不要唯高影响因子的期刊，告诉世界你在这个领域的最新进展成果才是最

重要的。所以，投稿要与时效性赛跑。

很多科研人员和青年学者都会觉得写一篇高水平、高质量的学术论文是一件非常有挑战的事情，甚至不知该如何着手。洪教授分享了自己在撰写论文时的一些心得与体会，总结起来分为以下几点：

以退方能进。做科研有时候很容易走进死胡同，这时候一味纠结只会让自己越陷越深，只有退出来，再次分析研究目标，重新调整，才能找到正确的路。

读书破万卷。人们常说：熟读唐诗三百首，不会作诗也会吟。要写一篇好文章，前提是你要有一定的阅读积累量，"厚积"方能"薄发"。学会形成专属数据库，紧盯研究领域排名前十的期刊所发表的文章。

细节定成败。投稿是一件很考验耐心的事情，因为它需要在审稿人和投稿人中间来回穿梭。但不可否定的是，这个过程就是一次很好的学习旅程，在这个过程中，大到文章结构、脉络，小到字体、间距、字号，它们的作用不分伯仲，都要引起重视。

交流出真知。一定要主动与导师讨论。思想的碰撞才能产生出智慧的火花。敢于表达自己的看法和理解，坚持自己认为对的事情，把握好随波逐流与固执己见的尺度。

顶天立地真男儿，跨界创业放异彩

我们总说科研和产业"两个轮子要一起转"，但是现实中在科研上却总是不自觉地拿"四唯"的眼光去评价一位学者，在产业技术上，仍然不肯摒弃"一条腿"走路。

近年来，跨界这个词很流行，在文娱界有跨界喜剧人，在学术界亦有跨界学者。洪教授就是这样一位"两条腿"走路的人。在他眼里，真正做到"顶天立地"的人，就是要克服世界科研难题以及解决产业化的问题。

承载社会责任，与梦想一起成长。洪教授总说，作为科学家，一定要有梦想、甚至有幻想。针对研究领域的科研难题，要有"黄沙百战穿金甲，不破楼兰

终不还"的精神，不断突破行业极限，要有这种激情和信心。这就是所谓的"顶天"。

走出象牙塔，推进产业化。洪教授总说，作为科学家他是幸运的，因为国家和政府愿意资助他们搞研究，所以他们也要力所能及地回馈社会，回馈人民。在这个过程中，技术转型将发挥不可替代的作用，真正能够改变人们的生活，甚至带来翻天覆地的变化。他说：不要只专注于发表文章，你自己不做产业化没人给你做。

吃力不讨好的"傻教授"。洪教授自嘲自己"傻"，其实他是大智若愚。谈到为什么要搞产业化，洪教授说除了是对社会的回馈外，更重要的一点就是他想要留住人才。现今社会，很多人"唯钱至上"。如何留住人才，提供给他们平等的待遇，是值得深思的问题，只有留住人才，才能牵住"科研"的牛鼻子。

"我赔钱不要紧，但是学生不能赔"，这是洪教授挂在嘴边的一句话。他说，做产业化让他的人生变得更有意义了，在创办公司的过程中，他遇到了很多贵人，所有的困难都在努力中迎刃而解。如今，他创办的新加坡高阶显微镜新创公司 Phaos Technology 发展态势极好，所推出的首台微球辅助显微镜 OptoNano 200 激发了革命性的潜力，对生命科学、生物医学观察以及半导体应用等方面都发挥着重要作用。

科研修行如修身，模范带头树榜样

在谈到如何做好科研时，洪教授说，科研就像一场修行，你我都是苦行僧。所以若不是对科研充满激情，又怎会一路坚持？作为导师，要起到模范带头作用，给学生树立一个好榜样。要敢于担当，敢于为学生发声、为学生铺路。在学业上对学生一定要严之又严，细之又细。在生活上对学生给予一定的包容，要把学生当娃带。当学生犯错误的时候，一定要批评，但是要帮助他分析并解决问题。

作为学生，要敢于挑战，敢于质疑，敢于说

"不"，因为质疑也是科学的一部分。记住一点，实验数据一定要好好保存。哪怕是错的实验数据，也要予以重视。因为科学往往就是这样，你的一个"无心插柳"最后却能"柳成荫"。从事科研，要耐得住寂寞，才能守得住繁华。世界上第一位两度获得诺贝尔奖的居里夫人，无论是严寒还是酷暑，她都在做实验，终于经过一年半的时间提炼出了 0.01 克的镭元素。正如洪教授所说：一个好的科研人员一定是不把科研当"工作"，而是把它当成是一份"兴趣"，一份"爱好"，一份"未知"。

幸运不赖上天赐，成功绝非一日功

成功的花，人们只惊羡她现时的明艳！然而当初她的芽儿，浸透了奋斗的泪泉，洒遍了牺牲的血雨。这句冰心先生的诗句用来形容洪院士再合适不过。世人只看到一位出身寒门的学子如何奋斗并成长为学术领军人物，却鲜有人知道所谓的"成功"，是一叠叠实验数据的堆砌，是夜以继日无休止地重复，是千百次的沮丧与失落，是家人坚定的理解与陪伴。

洪教授总说自己是"幸运儿"，其实哪有那么多老天的眷顾，所谓的"幸运"从来都不是偶然。

作家龙应台曾说，我记得父亲的暴躁，记得他的固执，但是更记得他的温暖、他的仁厚。如果不是父亲在家庭贫困时，依然舍得拿出生活费的三分之二给他买书，今天又怎么会出现激光行业的领军人才。

明代著名诗人于谦说：汝惟内助勤，何曾事温饱。如果没有妻子撑起的半边天，如果没有来自家，这个大后方的支持，又怎会有一心扑在科研和产业的跨界学者。洪教授非常感恩妻子的无私付出与支持，现在洪教授拥有一个幸福的六口之家，孩子们都非常优秀，真正地实现了爱情和事业双丰收。

最后，谨以此篇献给为所有像洪教授一样一直奋斗在科研一线的战士。是你们，用科技的力量保家卫国，是你们不断推动人类科技事业的进步，是你们，用星星之火，点亮新一代希望之光。

未来科学家

刘新宇：奋斗是我的座右铭

文 | Michael

勤奋、聪明、创新、热爱科学、踏实、正直……这么多积极的评价集于一人，大家都会好奇，这究竟是一个怎样的人？他经历过怎样的故事？他获得了哪些成就？今天这位主人公就是博士毕业于多伦多大学、在哈佛大学做过博士后研究、在麦吉尔大学任过教、刚刚晋升为多伦多大学正教授的刘新宇。

图1　刘新宇教授

正如老师、朋友、同事对刘新宇的描述那样，刘新宇的学术生涯始终伴随着"奋斗"二字。"我相信奋斗这个词也适合很多其他的科研工作者，科学研究的历程就是一条不断奋斗的路，需要我们找准方向，和时间赛跑，不忘初心，砥砺奋进。"当被记者问到想用哪两个字来概括自己时，他这样回答。

从奋斗到痴迷，他从未停歇过脚步

简洁的发型、端正的穿着、眼镜镜片微微泛光、透过镜片带着笑意的眼神透出沉着睿智，无论是在教室的讲台，在学术演讲的舞台上，还是在学术讨论交流会议现场，这便是刘新宇的一贯形象，给人一种朴素、谦和、踏实之感。这位从中国东北黑土地走出的名校教授，他的气质养成，与多年来的奋斗、拼搏经历密不可分。

在加入多伦多大学之前，刘新宇是麦吉尔大学机械工程系的副教授和加拿大微流控和生物微机电系统领域研究主席。2009年在多伦多大学获得机械工程博士学位。2009~2011年，在哈佛大学化学和化学生物学系完成了NSERC博士后研究工作。

曾获得国际期刊 *Materials Horizons* 2020年度最佳论文奖，2018年微系统与纳米工程国际峰会杰出青年科学家奖，2017年加拿大麦吉尔大学Christophe Pierre杰出研究奖，2013年加拿大微系统领域Douglas R. Colton杰出研究金奖，2012年加拿大重大挑战基金会全球健康之星奖。其研究成果获得IEEE和ASME国际会议最佳论文奖5次、最佳论文提名奖8次。

看过刘新宇的履历，给人最强烈的第一印象无疑是"拼"。如果把学术研究形容为一场"马拉松"，那么迄今为止，刘新宇还未停下前进的脚步，仍在向着理想迈步。

刘新宇在多伦多大学课题组主要的研究方向是微纳和软体机器人学、柔性电子器件、微流控器件机理研究和应用开发，在采访中，刘新宇三句不离自己的科研工作，可以见得他对科研之痴迷。在每个研究方向上，他所在的团队一直都在寻求突破，谈到科研的最新进展，他便来了精神，向记者一一道来。

"在微机器人方向，最近我们利用光遗传学和机器人控制技术对活体秀丽线虫爬行实行闭环控制，为开发仿生微机器人提供了新思路，并在线虫生物力学和神经生物学领域有巨大的应用潜力。在柔性电子器件方面，我的团队研发了基于水凝胶材料的多功能传感离子仿生皮肤，该设计有望应用于下一代可穿戴电子器件、人机交互系统、软体机器人技术的研发。在微流控器件领域，我们主要致力于研发用于即时体外诊断（POCT）的微流控纸芯片传感器，并针对包括新型冠状病毒肺炎在内的一系列疾病实现了临床诊断应用。"刘新宇说。

坐过冷板凳，也见证过"爆发式增长"

"驱使我走科研道路的根本动力是兴趣，我在工业界工作过一年，比较起来我更喜欢大学老师的这份工作，可以自由探索自己感兴趣的科学问题，在工作中不断寻找新的挑战。"刘新宇这样总结自己坚持科研工作的原因。看似云淡风轻的回答，其实包含着多年坚持科学工作的艰辛。

在很多次采访中，许多科学家都说，自己有一颗强大的心脏去面对一切未知，因为无论哪种学科，在科研上要取得一定成绩必然经历无数痛苦的失败，或许，这便是刘新宇口中所说的"新的挑战"。

他告诉记者，即便是前路充满艰难险阻，但是科学研究也必须静下心来，坐得住冷板凳。一方面，科学的突破是一个不断积累、厚积薄发的过程，"我们需要一颗平常心，学会面对孤独。要勇于挑战科学难题，不能只追求'短平快'的研究题目"。

另一方面，走进科研的世界，要始终保持热爱、保持好奇。刘新宇提到自己博士后合作的导师哈佛大学的美国三院院士George Whitesides教授。"Whitesides教授是一位德高望重的化学家，也是很多新领域，例如微流控和软体机器人领域的开拓者。他永远保持着对新研究方向的好奇心，热衷于探索非常规方法开辟科研新路径，和他工作的两年对我之后的独立研究有着非常大的影响。"

或许正是经历过无数个"暗夜"，刘新宇的科研之路也见证了许许多多的成长。"机器人和微流控芯片，这两个领域在过去的十几年间，在基础研究和产业转化方面都有着爆发式增长。在主要设计机理和关键技术均已趋向成熟的背景下，现阶段两个领域的主要重心都是相关技术的产业化和落地推广。"刘新宇对未来领域的发展趋势十分清晰，语言表达流畅，足以见得，这些话题，他曾在脑子里思考过无数次。"机器人技术的上下游产业链日趋完备，核心零部件制造技术成熟、成本可控，相关产业需求旺盛，已成为第四次工业革命的主要驱动技术之一。"刘新宇说。

不仅如此，即便身在异国他乡工作，刘新宇仍时时关注所从事领域国内、国际的发展动态。他研究的另一个方向，微流控芯片技术，从集成电路制造技术衍生而来，并随着以软刻蚀(soft lithography)为代表的器件加工技术的发明而在学术界迅速推广，微流控芯片在体外诊断、类器官筛药、组织工程、环境和食品检测等领域有着广阔的应用前景。"相比机器人技术在产业界的广泛推广，微流控芯片技术在中国的产业化现阶段仍处于蛰伏期，有待在体外诊断等关键领域实现产品转化的规模性突破。"他说。

不仅观察到了这些问题，作为相关领域的科研工作者，刘新宇也有所希望，他期待能够做到基础研究和应用研发并重，用一个现阶段非常流行的说法，就是要做到"顶天立地"。"顶天指的是要深挖相关领域待解决的关键科学问题，即使是在机器人和微流控等基础理论和技术相对成熟的领域，仍然有很多共性的关键的科学问题需要去解决，这应该是我们科学研究的最根本立足点。另外，我们也应该积极对接产业需求，有针对性地进行应用技术的研发和转化，实现技术的立地。面向基础研究和应用转化两方面的努力并不矛盾，可以做到相辅相成。"刘新宇说。

从突破到共享，他明确自己的科研使命

当人们谈到科学家，常常将这个群体与"天才、天分"联系起来，而在对刘新宇的采访中，记者发现，或许对于这个领域很多成功的人来说，那些所谓的运气、天赋，在很大程度上需要用努力、刻苦去激发。

多年来，务实、刻苦的经历，让刘新宇对科学发展面临的问题有着深刻思考，他明白自己的科研使命——突破、共享。

当前世界范围内科学研究在不断拓展深入，各个领域交叉融合，很多颠覆性新技术催生产业重大变革，也彻底改变了人们的生活方式，极大提高了我们的生活质量。刘新宇以机器人领域为例进行阐释，随着关键技术的突破和关键部件制造的日趋成熟，机器人技术和装备已经广泛应用于工业生产的各个环节，并推广到医疗、农业、娱乐、教育等众多新领域，极大地提高了诸多产业领域的生产力。另外，机器人技术与新材料、仿生、微纳器件等技术的深度融合，产生了软体机器人、微纳机器人等多个机器人研究的新方向。

在此基础上，刘新宇认为，当前各国的科学研究是既合作又竞争的关系，但是根本上应该最大限度地鼓励国际合作。例如，在新型冠状病毒肺炎（以下简称"新冠肺炎"）的研究和疫情处置方面，国际范围内的数据分享起到了至关重要的作用。在新冠肺炎疫情初期，我国科研工作者即时地发布新冠病毒的RNA基因序列，使得世界各国可以针对性地研发核酸诊断试剂，并开展新冠肺炎传播机理研究和疫苗开发。随着全世界对新冠病毒研究的不断深入，国际学术论文出版界主动做到对所有新冠肺炎发表论文的网上开源发布，使得各国研究机构可以共享来自世界范围内最新的新冠肺炎研究数据，从而助力新冠肺炎研究和疫情控制。

"科学研究的最终目的是造福全人类，因此作为科研工作者，我们有义务向全世界分享自己的科研成果，通过多种渠道的国际交流，与国际同行开展优势互补的科研合作。"刘新宇说，为了更好地协调各国对类似新冠肺炎疫情等全球性问题的应对，世界主要国家还应该主动建立多边国家间的官方合作渠道和机制，从而使科学家在相关问题上的国际合作更加顺畅。

盛兴：做勇敢执着的科研开拓者

文 | Michael

图2

凡事讲究"做实事""亮真章"，工作从不拖泥带水，说话聊天"纯干货"，面对科研困难沉着冷静犹如一枚"定海神针"，让人觉得"靠谱儿"、踏实，这是清华大学电子工程系副教授盛兴给记者留下的最直观印象。

翻开盛兴博士的简历，可谓是学霸的顶配：2007年在清华大学获得学士学位，2012年在美国麻省理工学院获得博士学位。2012年至2015年在伊利诺伊大学香槟分校从事博士后研究，然后回到清华任教。年纪轻轻的他已经以第一作者和通讯作者身份在 Nature Materials、PNAS、Nature Communications、Advanced Materials 等杂志发表论文50余篇，拥有国际专利多项。目前，盛兴担任 OSA Optical Materials Express 编委。曾获国际电磁学会青年科学家奖，MINE 青年科学家奖等。

最近，本刊记者走进清华大学电子工程系，拜访这位青年科研工作者，听他讲述发生在自己身上的科研故事，以及他对于科研工作的感受。

左手电子工程，右手生物医疗

"我本人的工作单位为清华电子系的信息光电子研究所，我们主要探索研究各种光电子器件。我们身边很常见的显示屏、LED 灯、太阳能电池、通信光纤等，都属于光电子器件的范畴。此外，医疗领域用到的成像和分析技术等，也与光学、光电子密切相关。我目前的研究兴趣就是探索光电子器件与生物医疗的结合。"

采访一开始，盛兴就"杠杠滴"地为记者介绍了自己的专业背景和研究领域。

为什么会选择这个方向呢？

盛兴老师指出，医疗设备的发展，比如 X 光、超声、CT、核磁、同步辐射等，一个主流的趋势是设备做得越来越大。另一方面，其实也有一些医疗设备越来越小，穿在人身上，甚至进入生物体内。因此，他认为将微电子和光电子等信息器件与生物系统进行集成是一个重要的发展方向。于是，他和团队通过探索新型的微纳器件工艺，结合光学、电学、力学的优化设计，开发微纳尺度的光电子材料与器件，并与柔性、生物友好的异质衬底等进行集成，探索其在可穿戴、植入式等生物医疗领域的应用。

谈到与这一领域的结缘，盛兴说："做光电子材料、半导体器件，这是我的学术背景，后来在国外做博士后时研究微纳尺寸的光电传感器，当时导师就觉得你这个传感器做得这么好，性能也很好，能不能在生物领域探索它的应用？如果把它放在小鼠的脑子里有没有可能检测到脑子里的光电信号？"

虽然有导师的指点，但是这真的是几乎不可能的挑战，如今盛兴回忆起这段经历说："我们不去突破这一个难题，也会去接触其他难题。"本着探索未知的科研理念，盛兴开始尝试这一崭新的方向：通过微电子、光电子技术做出更小更灵敏的传感器、光电子器件并与生物体结合，有着丰富的研究空间和价值。

"我们研究的这些设备能不能做得很小，关系到未来相应的检查测试手段，比如脑信号监测、心电图检测等，它体积小到一定程度就可以直接佩戴在身上，更小以后就可以直接植入到体内，它们不仅可以用来检测还可以用来治疗，这就是我们把医疗器械做

得越来越小的重要意义，具有非常广阔的前景，也会刺激我们探索未知的领域。"

对科研的无限热情

对盛兴来说，科研可能是最适合他的工作，究其原因，记者也在采访中找到答案。

首先，盛兴热爱默默钻研。在他看来，科研是逐渐积累、循序渐进的过程，是一个很漫长的摸索过程。"每个科研人员都做了很多年的努力和尝试。每个人都探索了很多各种各样的方向，可能失败的经历远远大于成功的经历，当有了这些积累以后才可能会有些突破和成果。"盛兴说。

此外，科研工作者不仅需要自身条件过硬，还需要另一项重要技能就是"习惯失败"。"如果说让我回忆特别受打击的一次失败经历，我会说没有。因为我们做科研的很多想法，说实话可能大部分是失败的。我早就习惯了，这也是为什么我觉得自己比较适合做科研。但是失败对于我们清华优秀的研究生同学来说，有时却不太容易接受，我也在努力让他们体验和适应这种科研的'常态'"。盛兴说，对于失败，自己慢慢都习惯了，能够顺利成功的占很小一部分，"大部分的想法可能想得很好，这个点子不错，值得尝试，尝试了却失败了，这是很正常的，我们只能不停地探索，这也是科研的乐趣所在。"他说。

更重要的是，要不惧挑战。被问到交叉学科研究遇到的巨大挑战时，盛兴的反应十分冷静沉着，并特别强调了自己的科研理念："科学研究本身就是探索未知的领域，理论上来说，任何课题都有其难度，既然选择这一领域，我不认为其挑战是戏剧性的。"确实，微电子、光电子、生物、医疗，这些名词听起来很酷，可真的要在研究中把它们有机结合起来，对科研工作者的要求是非常高的："这就是典型的交叉领域，碰到很多之前没有接触过的问题，比如生物，只有在高中学过，后来基本都忘了。但是，生物研究却是具有非常广阔的探索空间，生命科学和临床医学中

很多难题都没有解决，希望我们探索的技术能在某些方面发挥作用。"

做孤独而勇敢的探索者

盛兴在采访中，反复提及"探索未知"，这是他坚持的科学理念，也是驱使他坚持下来的动力。

我们常说：科学家的一生是探索未知的一生，要敢于走前人没有走过的路。可是，对于青年科学家来说真的这么做需要很大的勇气和执着的态度，盛兴则默默地践行着："我觉得我们这一代青年科研工作者是幸运的，国家经济高速发展，非常重视对科技的投入，这种重视包括对各种高科技的研发的投入，另外也包括对基础科学的投入。所以，我觉得我们遇到了好时机，要努力在科研上进行尝试和探索，一方面当然希望能帮国家解决一些'卡脖子'的技术问题，另一方面也希望自己能在基础研究方面有所突破，探索'看不到'的未知。"

探索未知就需要习惯孤独和勇敢，当然自我驱动和不断学习也非常重要。盛兴说："科学研究有时候就像是去旅游，有的路线可能已经被导游规划好了，人很多很热闹，有的路线可能是没有人走过的，没有人，你去就很孤独。而科研创新就是要走这些没人走过的路线、探索别人没有探索的东西，其实有很多，

特别是交叉学科，传统的微电子和光电子、生命科学领域都已经有前人很深厚的积累，如果我们把它们结合起来，就会产生很多新的碰撞机会。"

前不久盛兴的团队计划探讨运用新型的光电材料与器件的设计方法和工艺策略，实现植入式的光电芯片，用于生物神经信号的监测和控制，以及生物体内的无线能量传输。当被问到这项技术什么时候能够进入实用的时候，盛兴说："研究现在还没有到应用的层面，可能将来能用于解决问题，但这些光电信号与生物系统的交互本身就是很有意思的问题，现在里面有很多新的技术挑战需要克服。"

这也是青年科研工作者的一大挑战，因为很多时候科研工作可能不会有立竿见影的效果，不像是公司生产一个产品可以盈利、推广，可是外界又都在关注你研究成果的真正价值。对此，盛兴说，"很多科研人员研究的东西可能很有创意、很有想法、很有新意，你觉得很好，但是你要说立马就能够转化成产品，能够有效益，这可能还是另外一个过程。我们科研就是去发现这些新的现象，开发一些新的技术，后面在这个过程中一定要有坚守的个性，因为没有外界那么大的利益驱动你做这个事情，你要有自发的热情。"

很高兴看到盛兴就是科研道路上孤独而勇敢的探索者。